2024年
国外核工业与技术重大发展动向

中　国　核　学　会
中核战略规划研究总院　著
中国原子能科学研究院

中国原子能出版社

图书在版编目（CIP）数据

2024年国外核工业与技术重大发展动向 / 中国核学会，中核战略规划研究总院，中国原子能科学研究院著．—北京：中国原子能出版社，2024.3
ISBN 978-7-5221-1943-4

Ⅰ.①2… Ⅱ.①中… ②中… ③中… Ⅲ.①原子能工业—工业发展—研究—国外—2024 Ⅳ.①F416.23

中国国家版本馆CIP数据核字（2024）第053679号

2024年国外核工业与技术重大发展动向

出版发行 中国原子能出版社（北京市海淀区阜成路43号 100048）
责任编辑 胡晓彤
责任印制 赵 明
封面设计 邢 锐
印　　刷 北京九州迅驰传媒文化有限公司
开　　本 787 mm×1092 mm 1/16
印　　张 17.125
字　　数 336千字
版　　次 2024年3月第1版 2024年3月第1次印刷
书　　号 ISBN 978-7-5221-1943-4 **定 价 98.00元**

网址：http://www.aep.com.cn **E-mail：atomep123@126.com**
发行电话：010-68452845

《国外核工业与技术重大发展动向》

编写委员会

顾　　问： 王寿君　黄国俊

主　　任： 罗清平

副 主 任： 刘建桥　姚维华　王振清

委　　员：（按姓氏笔画排序）

丁其华　王文盛　伍险峰　刘晓光　刘　渊

许春阳　信萍萍　夏　芸

审查专家

赵　军　康力新　黄国俊　李　景　诸旭辉　刘森林

编写组

主　　编： 许春阳

成　　员：（按姓氏笔画排序）

马荣芳　王国宝　王新燕　王　墨　王　巍

仇若萌　尹忠红　付　玉　朱志斌　伍浩松

刘乙竹　刘思岩　江舸帆　孙晓飞　杨　力

杨京鹤　杨　涛　李光升　李晓洁　李晨曦

肖朝凡　宋敏娜　张立锋　张　莉　陆　燕

陈亚君　罗凯文　金　花　周家炜　孟雨晨

赵　远　赵　宏　赵　松　侯梦洁　秦　成

袁永龙　夏　芸　徐若珊　高寒雨　龚　游

喻　宏　蔡　莉　戴　定　魏可欣

序

中国核学会、中核战略规划研究总院、中国原子能科学研究院共同编著的《国外核工业与技术重大发展动向》（简称《动向》）自2018年首次发布以来，至今已连续发布7次，不断获得行业和社会各界的热烈反响和好评。2024年《动向》聚焦核力量、核动力、核能发电与核燃料循环、核聚变、核技术应用等主要领域，阐明世界发展重大动向，研判未来形势演变趋势，是研究团队长期坚持国际态势跟踪和策略研究、扎实积淀、厚积薄发的又一力作。

当前，核工业正处在安全创新发展、提升核心竞争力、续写辉煌新篇章的关键阶段。中国核工业人肩负巩固国家安全战略基石、推动清洁能源转型发展的重大历史使命。希望《动向》研究团队再接再厉胸怀国之大者、迎接时代之变，践行软成果创造硬价值、软科学支撑硬发展，更好地推动我国核事业不断前进。

王寿君

前　　言

当前世界战略格局深刻演变，气候变化、能源安全等全球性问题日益突出，核工业作为高科技战略产业和国家安全重要基石，既是大国竞争的战略制高点，又是推动国际稳定和实现零碳排放的重要力量。为及时准确了解和研判国外核工业发展重点方向，剖析发展趋势，借鉴经验并分析风险，我们组织研究团队，多年来持续开展国外核工业与技术重大发展动向研究。2024年《国外核工业与技术重大发展动向》聚焦核力量、核动力、核能政策与产业、核电技术、核燃料循环、核聚变、核基础与应用技术等领域，遴选出50多个具有重大现实或潜在影响意义的专题，通过系统分析研究，集结成这一研究成果，期望对有关管理机构和科研一线的读者具有参考意义。由于编者水平有限，书中疏漏不当之处在所难免，敬希批评指正。

《国外核工业与技术重大发展动向》课题组

2024年3月

目　录

核动力 …… 051

核能政策与产业 …… 089

核 力 量

一、美国核力量经费将持续高速增长

2023 年 7 月中旬，美国国会预算办公室（CBO）发布《2023—2032 年美国核力量预算投入》报告。该报告指出，美国未来十年需要投入 7 560 亿美元用于核力量发展。这一数字比国会预算办公室在 2021 年发布的未来十年核力量费用的 6 340 亿美元增长 19%。

1. 美国国会核力量预算背景

2013 年《美国国防授权法》要求国会预算办公室每两年开展一次未来十年核力量现代化和运行维护成本的估算，用于支撑政府的核力量预算决策。国会预算办公室从 2013 年到 2023 年先后发布了六版《美国十年核力量预算投入》报告，估算的成本分别为 3 550 亿、3 480 亿、4 000 亿、4 940 亿、6 340 亿和 7 560 亿美元。2017 年以来，国会预算办公室四次大幅提高核力量建设预算估值：2017 版增长 15%，2019 版增长 24%，2021 版增长 28%，2023 版增长 19%。

2. 未来十年核力量建设预算投入重点

美国未来十年将重点支持两方面建设：一是核武器及其运载系统，二是核指挥与控制、通信和预警系统，共计投入 6 600 亿美元。另外有 960 亿美元为参考历史成本增长估算的额外费用。

（1）核武器及运载系统投入5 430亿美元

美国在战略核武器和运载系统方面，投入3 890亿美元。其中陆基投入1 180亿美元，主要用于现役“民兵”3弹道导弹的运行维护和下一代“哨兵”弹道导弹的研制部署；海基投入1 880亿美元，主要用于现役“俄亥俄”级弹道导弹核潜艇运行维护和新一代“哥伦比亚”级弹道导弹核潜艇研制部署；空基投入630亿美元，主要用于主要现役战略轰炸机维护升级，以及新型战略轰炸机B-21和新一代远程防区外空射核巡航导弹AGM-181研制部署。美国在非战略核武器方面，投入60亿美元，主要用于对核常兼备型F-35A、F-15等战斗机以及这些飞机所携带核航弹的运行维护和现代化。美国在核武器实验室及相关活动方面，投入1 480亿美元，主要用于核弹头库存维护和现代化升级，铀氚锂等军用核材料的生产和加工，钚弹芯的制造，以及核军工能力与技术发展。

（2）核指挥与控制、通信和预警等系统投入1 170亿美元

美国在核指挥与控制方面投入240亿美元、通信方面投入340亿美元、预警方面投入580亿美元。主要涉及的项目有：“全球机组战略网络终端”升级，其是一个由固定和移动核指挥与控制终端组成的新型高空电磁脉冲强化网络，用于战略轰炸机实施核打击；“先进超视距终端系列”计划，该计划取代与美国太空部队军用卫星星座进行通信的现有终端，建成后能与包括先进甚高频卫星在内的多个卫星星座进行通信，终端的37个地面站和近50个机载终端将为核部队提供受保护的高数据速率通信。

3. 主要调整变化

新版预算报告中核武器研制预算大幅增加，核武器实验室及相关活动方面预算基本持平。核武器装备研制预算大幅增加的主要原因有两点，一

是新型武器系统逐渐进入采购和批量生产阶段；二是核指挥与控制、通信和预警系统多个项目启动现代化升级和建设。具体调整如下所示：

一是陆基核武器及运载系统增加了210亿美元，增长超过30%。主要原因是“哨兵”项目的预期研制和采购成本增加，以及翻修部分基础设施的成本增加。

二是核武器及运载系统增加了430亿美元，增长近30%。主要原因是“三叉戟”-Ⅱ D5潜射弹道导弹延寿、“哥伦比亚”级核潜艇服役时间再延长两年、W93核弹头和未来海基战略核弹头两个项目的研制时间延长两年等。

三是空基核武器及运载系统增加了100亿美元，增长近20%。主要是研制及采购新型核空射巡航导弹的费用增加。

四是核指挥与控制、通信和预警系统增加了230亿美元，增长25%。主要是一些现代化计划追加资金继续开展或是新增项目首次纳入预算。追加资金的项目是替换E-4B、E-6B指挥与控制飞机，首次纳入预算的项目是用于导弹预警和导弹跟踪的新卫星星座。

4. 小结

预计21世纪30年代，以“哨兵”洲际弹道导弹、“哥伦比亚”级核潜艇、B-21战略轰炸机等战略核装备为代表的美国新一代“三位一体”战略核力量体系或将全面建成，美国核力量将继续保持世界领先水平。美国新版核战略“首次将中国视为核大国战略竞争对手”，提出“定制威慑战略”，未来十年将继续保持高强度经费投入以全面推进“三位一体”现代化建设，保持核优势、谋求核霸权。

（中核战略规划研究总院

张　莉、孙晓飞）

二、美国发布《2023财年库存管理计划概要》持续推进核力量现代化

2023年4月24日，美国能源部国家核军工管理局发布《2023财年库存管理计划概要》，落实2022年《核态势评估》有关要求，在装备、科研、生产等方面部署多项重要工作，大力推进核武器更新换代与核军工能力提升。

1. 推进核弹头现代化，满足核威慑战略对安全可靠和丰富灵活核打击选项的要求

2022年《核态势评估》要求，发展和部署平衡灵活的核武库，维持强大可信的核威慑与延伸威慑，丰富核打击选项。2023年核武器库存管理计划针对性开展多项核弹头现代化项目。

(1) 实施库存核弹头改装和延寿

美国通过升级更换高能炸药、电子设备等非核部件，对核武库中的老旧核弹头进行改造，提升核弹头安全可靠性，延长服役寿命，拓展载具适应性。W88改型370核弹头已进入批量改装阶段，服役时间将延长30年；B61-12核航弹已进入批量改装阶段，服役时间至少延长20年；W80-4核弹头2023年获批启动改装工艺开发，服役时间至

少延长 20 年。

(2) 使用新工艺和材料重新制造核弹头

美国已启动研制 W87-1 核弹头，用于装备下一代洲际弹道导弹。W87-1 采用由铸造工艺重新制造的钚弹芯（原为锻造工艺），主炸药和引爆控制系统也作了大幅改动，美国声称无需借助核试验进行验证，预计 2030 年服役，将显著增强美陆基战略核打击能力。

(3) 在禁核试条件下研制新型核弹头

美国 2021 财年提出研制 W93 核弹头，初定用于装备潜射弹道导弹。W93 是冷战结束后美国使用现代化技术从头开始研制的首个新型核弹头，美国声称无需借助核试验进行验证，更加易于制造、维护和认证，预计 21 世纪 30 年代中期服役。

2. 提升核武器部件加工和军用核材料保障能力，增强核军工科研生产体系韧性

2022 年《核态势评估》提出“基于生产的韧性计划”，升级核武器生产设施和技术，增强核材料生产和部件加工能力，打造灵活响应和富有韧性的核军工体系，确保具有足够的产能，可及时满足近期和未来因战略政策、地缘政治变化及技术发展引发的增量需求与新型需求。

(1) 恢复钚弹芯生产能力

2022 年《核态势评估》将恢复钚弹芯生产能力列为未来十年优先事项。美国在洛斯阿拉莫斯国家实验室和萨凡纳河场址双线布局钚弹芯生产设施，目标是 2030 年具备年产 80 枚钚弹芯能力，确保在 2080 年前至少生产 4 000 枚新弹芯，滚动替换老化弹芯。

(2) 建设新的铀加工设施

目前美国的核武器铀部件加工主要在 Y-12 场址的 9212 厂房进行，该厂房于 70 多年前建成，存在较大的安全隐患。美国正在建设新的铀加工设施，采用新型设备和现代化工艺，全面提升高浓铀材料处理和部件加工能力，计划 2025 年后全面取代 9212 厂房功能。

(3) 恢复自主军用铀浓缩能力

2013 年帕杜卡气体扩散厂关停后，美国失去自主生产军用浓缩铀能力。为了满足先进反应堆、海军核动力和生产核武器用氚等对浓缩铀的需求，美国着手恢复军用铀浓缩能力。在能源部支持下，森图斯能源公司联合橡树岭国家实验室开发了 AC100M 型离心机，并在俄亥俄州派克顿建设由 16 台 AC100M 型离心机组成的级联示范项目。示范项目于 2023 年 2 月完成设施建设和级联初步测试，计划 2024 年具备年产 900 千克浓缩铀（^{235}U 丰度 20%）的能力。

(4) 扩大军用氚产能

核武器中的氚半衰期 12.43 年，需要定期补充更新。为充分保障核武器用氚，美国同时利用瓦茨巴核电站 1 号和 2 号反应堆生产氚，计划 2024 年每个辐照周期（18 个月）生产 2 800 克氚，2025 年后每个辐照周期氚产能进一步提升至 3 300 克。

3. 持续提升核武器模拟和实验水平，增强禁核试条件下核武库维护和新型核武器研制能力

2022 年《核态势评估》一方面呼吁所有拥有核武器的国家暂停核试验，另一方面提出设立“科学和技术创新倡议”，强化美国科学研究活动，更加注重利用科学和技术支持核武器设计和生产。

(1) 不断提升核武器数值模拟能力

美国设立先进模拟与计算计划，持续发展超级计算机，开发多机理耦合模型和模拟软件，已实现对核武器全系统、多物理过程进行综合性、高保真数值模拟。继橡树岭国家实验室2022年部署运算速度达110亿亿次每秒的“前沿”超算系统后，阿贡国家实验室和劳伦斯·利弗莫尔国家实验室计划正在部署运算速度达200亿亿次每秒的“极光”和“酋长岩”超算系统，进一步提升核武器模拟仿真复杂度、精细度和速度。

(2) 持续增强实验室模拟核爆能力

美国利用劳伦斯·利弗莫尔国家实验室的国家点火装置、罗切斯特大学的OMEGA激光聚变实验装置和桑迪亚国家实验室的Z箍缩装置等持续开展核聚变实验研究，在实验室内创造类似核爆的高温高压高密度环境，深化对热核燃烧非稳态过程的理解与认识，为核武器数值模拟提供机理和数据支持。2022年12月，国家点火装置实现聚变产生能量超过激光打靶输入能量的重大突破，增强了模拟核爆极端条件的能力，有望获取更多高质量诊断数据，为核武器数值模拟提供更强支撑。

(3) 巩固提升次临界实验能力

美国通过次临界实验模拟核武器内爆动作过程，评估库存武器状态和新型设计方案与工艺，并储备恢复核试验所需资源和能力。为强化次临界实验能力，美国正在U1a地下次临界实验场内增建2个实验区，并建设新的X射线照相系统和中子诊断设备，支撑实验频次和诊断能力提升。

4. 小结

为保持核武库安全可靠，持续提升核技术水平和核军工能力，美国于 1994 年开始实施核武器库存管理计划。2023 年核武器库存管理计划针对性开展多项核弹头现代化项目，提升核武器部件加工和军用核材料保障能力，增强核军工科研生产体系韧性，提升核武器模拟和实验水平，增强禁核试条件下核武库维护和新型核武器研制能力。

（中核战略规划研究总院
付　玉、马荣芳、江舸帆、仇若萌）

三、美国计划部署大当量、高精度的 B61-13 核航弹

2023 年 10 月 27 日，美国国防部（DOD）宣布，将与能源部国家核军工管理局（NNSA）共同研发和部署新型 B61-13 核航弹。该弹将整合 B61-7 的核战斗部与 B61-12 的非核部件及弹体，兼具大当量和高精度双重优势，服役后可大幅增强美空军战略核威慑与打击能力。

1. 研发情况

B61 系列核航弹是美军核武库中服役时间最长的核武器，迄今已服役 50 多年。为延长其服役寿命、“双减”型号种类和规模数量，美国国家核安全管理局于 2010 年开启了 B61-12“延寿项目”，在 B61-4 的核战斗部（爆炸威力 0.03 万、0.5 万、1 万、5 万吨 TNT 当量可调）的基础上，利用或翻新 B61-3/-4/-7/-10 等四型核航弹的非核部件，结合空军核武器中心与波音公司合作研发的“制导尾翼工具包组件”（TSA），集成 B61-12 制导型核航弹。目前，美国正在批量生产 B61-12 核航弹，预计 2025 年完成全部 480 枚的生产，替代 B61-3/-4/-7/-10 等四型核航弹，服役至 21 世纪 40 年代。

新型 B61-13 核航弹是 B61-12 核航弹“延寿项目”的“微调”，相当于 B61-12 核航弹的“威力加强版”。B61-13 核航弹将采用 B61-7 的核战斗部（爆炸威力 1 万～36 万吨 TNT 当量可调），结合原计划用于

B61-12 核航弹的非核部件、弹身设计与尾翼组件，集成爆炸威力达 36 万吨 TNT 当量的制导型核航弹。据专家分析，B61-13 核航弹可能沿用 B61-12 核航弹的组装生产线，2025 年开始生产，数量约 50 枚，同时，B61-12 核航弹的生产数量将减至约 430 枚。

表 1　美国在役核航弹构成

型号	爆炸威力/万吨 TNT	库存数量/枚
2023 年		
B61-3（战术）	0.03/0.15/6/17	130
B61-4（战术）	0.03/0.15/1/5	130
B61-7（战略）	1～36	350
钻地型 B61-11（战略）	40	40
B83-1（战略）	最高 120	200
2025 年		
钻地型 B61-11（战略）	40	40
B61-12（战术/战略）	0.03/0.15/1/5	480
B83-1（战略）	最高 120	200
2030 年		
钻地型 B61-11（战略）	40	40
B61-12（战术/战略）	0.03/0.15/1/5	约 430
B61-13（战略）	1～36	约 50
B83-1（战略）	最高 120	200（或已退役）

2. 技战性能

如图 1 所示，B61-13 核航弹的外形与 B61-12 核航弹基本相同，弹长约 3.6 米，弹径约 0.34 米，重量约 350 千克，制导精度约 30 米（圆概率误差 CEP），最大爆炸威力达 36 万吨 TNT 当量，可有效打击对手更深、更大的地下加固军事目标。

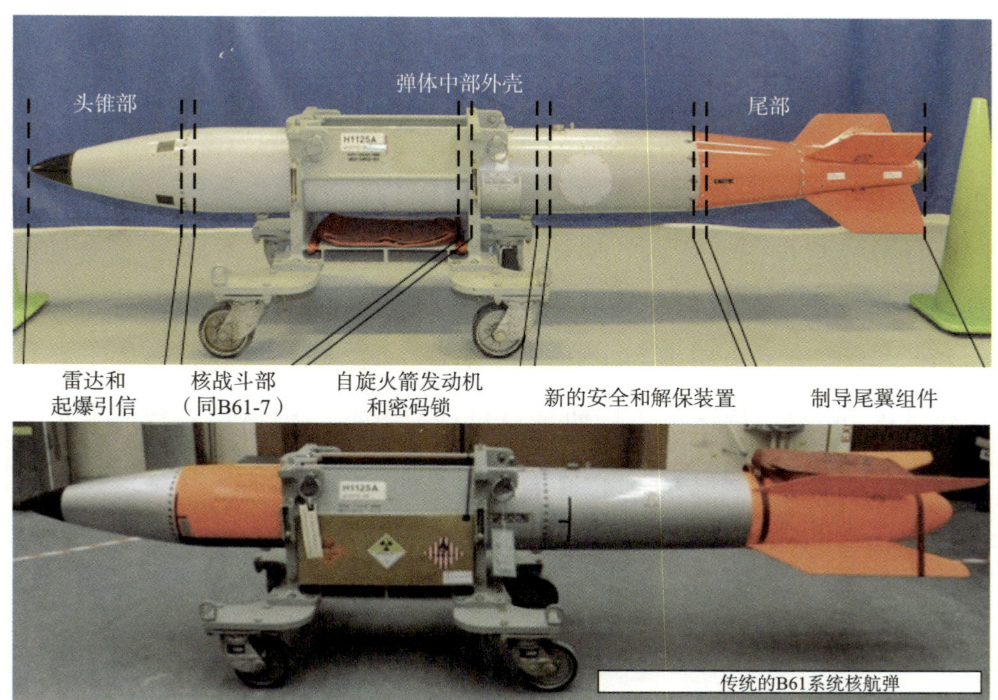

图 1　B61-13 核航弹系统组成

（1）更高的目标毁伤概率

B61-13 核航弹弹体尾部同样安装有一对稳定飞行姿态的自旋火箭发动机，可在滑翔下落过程中保持弹体的纵向稳定性；还采用了与“杰达姆”制导弹药（JDAM）尾部组件类似的新型制导尾翼组件，虽然不包括 GPS 接收器，但可在与战机脱离之前进行目标位置数据传输。在 100 秒以内的下落时间里，圆概率误差可控制在 30 米左右，打击精度比无制导的核航弹（圆概率误差为 110～170 米）提高了一个数量级。受益于此，B61-13 核航弹可将炸弹落点更精准地控制在有效爆破点附近，极大提高了核爆弹坑覆盖地下目标的概率，对地下目标的生存能力构成严重威胁。

（2）更强的地下毁伤能力

B61-13 核航弹同样未安装碰撞延时起爆装置，也未对头锥部和弹体外壳进行加固改进，并不是一款专门的“核钻地弹”，仅依靠重力作用，钻地穿透能力有限，所以对地下加固目标的毁伤能力仍按照地面起爆计算。根据图 2 所示，对于 B61-13 核航弹的 36 万吨最大当量而言，爆炸造成的弹坑半径估计在 60～120 米（在坚硬干燥岩石介质中约 60 米，在湿土介质中约 120 米）；B61-12 核航弹的最大弹坑半径估计在 33～68 米。根据美国国防部《核武器效应》中信息，核武器的破坏深度约为弹坑半径的 1.25 倍，估算 B61-13 核航弹的最大破坏深度约为 75～150 米，B61-12 核航弹的最大破坏深度则为 41～85 米。在打击对手更深、更坚固的地下军事目标时，B61-13 核航弹将是更有效、可靠的作战选择。

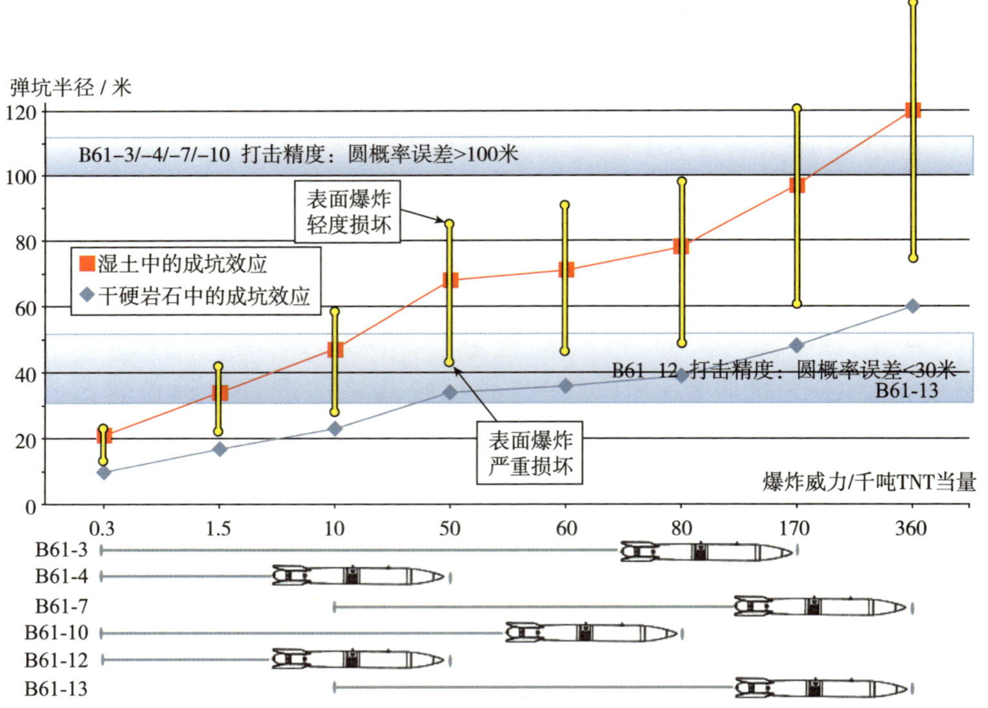

图 2　B61 核航弹打击地下目标的爆炸威力和成坑效应

(3) 更大的综合毁伤效能

美国空军核武库中爆炸威力最大的是 B83-1 核航弹，约 120 万吨 TNT 当量。根据理论，核武器的毁伤效能与爆炸威力的 2/3 次方成正比、与圆概率误差的平方成反比，36 万吨 TNT 当量的 B61-13 核航弹的毁伤能力相当于 B83-1 核航弹的 6 倍以上。换而言之，要实现与 B83-1 核航弹同样的毁伤效果，仅需要 5.3 万吨 TNT 当量的 B61-13。

(4) 更好的平台兼容特性

尽管美国国防部声称 B61-13 核航弹将仅由 B-2 轰炸机和 B-21 轰炸机携载使用，但是 B61-13 核航弹在重量、外形、机械接口和电子接口上与 B61-12 核航弹没有区别，同样具有良好的平台兼容性，必要时也可由 F-35A、F-15E 等“核常两用”战斗机携载使用，向对手发起战略核突袭作战任务。

3. 小结

B61-12 核航弹是美国空基核武器现代化计划的关键组成，B61-13 核航弹作为“威力加强版”，将弥补其对地下加固目标毁伤能力的不足，进一步强化美军战略核威慑与打击能力。B61-13 核航弹服役后可大幅提升空军战略核威慑与打击能力，服务美国的威慑战略调整需求。B61-13 核航弹兼具大当量、高精度的双重优势，结合隐身轰炸机使用，可规避对手的导弹预警和防空系统，“先发制人”打击战略纵深内的加固导弹发射井、地下指挥所等高价值硬目标，瓦解或阻滞其战略核反击能力。

（中核战略规划研究总院

赵　松）

四、美国内华达试验场近 30 年来首次开展高爆炸药试验

2023 年 10 月 18 日，美国国家核军工管理局在内华达核试验场开展地下高爆试验。这是近 30 年以来首次在核试验场开展此类试验，选择的时机恰逢俄罗斯国家杜马通过法案撤销批准《全面禁止核试验条约》之后。美国此次高爆试验被认为是与俄罗斯在核竞争中的升级行动。

1. 试验情况

高爆试验是使用常规烈性炸药进行的大规模爆炸试验，是在全面禁止核试验条件下，模拟核试验的一种手段。由于地下隧道爆炸具备便于监测、减少放射性气体泄漏以及高隐蔽性等特点，美国多在隧道内开展试验。

10 月 18 日上午 8 时 15 分 59 秒，试验在内华达州试验场 12 区的 P 隧道内进行，爆炸位置为北纬 37.204 度、西经 116.186 度，据美国地质调查局记录，震级 1.7 级。试验采用高能炸药，在爆炸试验过程中使用了加速度计、地震仪、次声传感器、电磁传感器、化学和放射性示踪剂采样器以及气象传感器来收集测量结果。试验结果将用于检测算法，验证其新开发的全球探测核爆炸模型。试验参与方包括劳伦

斯·利弗莫尔国家实验室、洛斯阿拉莫斯国家实验室等核军工实验室、陆军工程兵研究机构、海洋和大气管理局、相关高校等。

2. 核试验能力

(1) 内华达核试验场可快速恢复核试验能力

内华达核试验场是美国目前唯一的核试验场址，长期保持着可快速恢复核试验的能力，为美国核武器库存管理计划提供支撑。试验场具备：开展各类爆炸试验，确保高能炸药与核爆炸物的安全组装，研究钚材料在极端环境下的变化，开发和维护诊断仪器和传感器，支撑高带宽和数字工程、测速、建模和分析、成像系统、射线照相、等离子体物理诊断、光学和光纤设计等能力。主要场址包括大型炸药实验设施、设备组装设施、联合锕系元素冲击物理实验研究设施、利弗莫尔运营公司以及新墨西哥州运营部。内华达核试验场共有 26 个爆炸区，曾用于开展核试验，现用于爆炸试验、无损 X 射线、伽马射线试验等。此外，该试验场还在建造先进的次临界实验设施，通过开展次临界实验来验证核武器相关性能、研究钚材料裂变特性等，主要场址包括 U1a 综合体和国家临界实验研究中心。

(2) 美国历史上共进行 1 054 次核试验

1945 年至 1992 年间，美国共进行约 1 054 次核试验，其中 928 次试验于 1951 年至 1992 年间在内华达核试验场进行。美国历史上最著名的核试验主要包括 1945 年测试全球首颗小型原子弹的“三位一体”试验、1946 年首次在马绍尔群岛进行的“十字路口”试验、1948 年测试新型炸弹的“砂岩”试验、1951 年首次在内华达核试验场进行的“游击兵”试验、1952 年首次测试氢弹的“常春藤”试验、1971 年史上爆炸威力最大的“坎尼金”试验等。另外两处试验场包括阿姆奇特卡岛、太平洋岛屿（约翰斯顿岛、比基尼岛、埃尼威托克岛）等。

(3) 推进超算技术发展提升核爆模拟能力

20 世纪 90 年代以来，美国国家核军工管理局一直在推进核爆模拟能力的建设，实施“先进模拟与计算计划”，该计划旨在通过不进行核试验的方式，采用模拟仿真和分析预测来支撑美国的库存管理计划。截至 2023 年，该计划已在搭建模拟仿真模型、构建机器学习平台以及提升超算能力方面取得重大进展。模拟仿真模型方面，构建的多物理模型能够综合多种高保真物理模型，用于指导核武器的研发和试验，提升武器研制和管理的安全、可靠以及准确性；构建机器学习平台方面，优化射线照相图片分析技术，实现多模拟流程衔接，提高多物理量模型预测能力；提升超算能力方面，通过制定多项超算研制计划，已将算力从 30 万次浮点提升至 200 亿亿次浮点。

(4) 实施库存管理计划确保核武库安全

美国 1996 年签署《全面禁止核试验条约》后，于同年启动核武器库存管理计划，要求国家核军工管理局随时保持试验准备态势。2022 年《核态势评估》报告指出，一直以来，美国国防部、能源部、战略司令部以及核武器实验室都在持续对库存核武器的安全性、可靠性、军事有效性开展评估，判断是否有必要通过开展核爆试验解决新发现的问题，每年向总统报告。预算方面，1992 年停止核试验以来，美国国家核军工管理局库存管理计划任务持续从美国政府获得大量资金支持。能源部《2024 财年预算申请》显示，2023 财年“武器活动”一项中用于“库存研究、技术和工程”子项目的拨款金额高达 2.95 亿美元，达历年最高。这些资金用以推进库存管理计划顺利实施，结合飞行、实验室试验，在不进行核爆试验的条件下，共同确保美核武库的安全和有效性。

3. 小结

历史上，美国共开展的 1 054 次核试验、26 次高爆试验，数量远超其他核武器国家试验次数的总和。虽然美国 1992 年以来一直暂停核试验，但根据 1993 年总统指令，美国一直保持在 24 至 36 个月内恢复核试验的能力，对于政治目的的简单试验，在 6 至 10 个月甚至更短时间内即可开展。美国此次高爆试验距上一次 1993 年内华达核试验场高爆试验时隔 30 年之久，选择在俄罗斯宣布撤销批准《全面禁止核试验条约》、俄乌冲突对抗加剧等如此敏感的时间开展高爆试验，表明美国有意向俄罗斯展示其具备迅速恢复核试验的能力。

（中核战略规划研究总院
李晓洁、孙晓飞、高寒雨、袁永龙）

五、美国钚弹芯生产能力建设进展及面临挑战

钚弹芯是核武器的关键组成部分。20世纪80年代末，美国唯一具有钚弹芯生产能力的洛基弗拉茨工厂因工艺落后、污染严重而关闭。为维持核武器库存、提升核威慑能力，美国于21世纪初期重启钚弹芯生产与认证计划，2014年国会要求能源部（DOE）在2030年之前具备每年至少生产80枚钚弹芯的能力。国家核军工管理局（NNSA）2018年向国会提出“双场址计划”，即到2030年每年在洛斯阿拉莫斯国家实验室生产30枚钚弹芯，在萨凡纳河场址生产50枚钚弹芯。新生产的钚弹芯将用于装配正研制并将于2030年服役的新一代LGM-35A“哨兵”洲际弹道导弹。“双场址”战略可确保美国在2080年前至少生产4 000枚新的武器用钚弹芯，足以满足核武器现代化的需要，从而确保其长期、强大的核威慑能力。

2023年1月，美国政府问责署（GAO）发布题为《NNSA仍未形成钚弹芯生产能力的综合计划和成本估算》报告，披露了美国钚弹芯生产能力建设进展及当前面临的挑战。

1. 钚弹芯生产能力建设相关项目及实施进展

（1）洛斯阿拉莫斯钚弹芯生产计划

NNSA每年在洛斯阿拉莫斯生产30个钚弹芯计划的核心项目均由

其下属的基础设施办公室管理。GAO 将这些项目分为 5 类：一是钚现代化计划，该计划是对洛斯阿拉莫斯当前的钚弹芯生产能力进行整合并实现现代化，当前的工作重点是开展钚弹芯生产工艺和钚弹芯产品的评估与认证，预计 2024 年前生产出第一枚新钚弹芯，2025 年具备每年生产 10 枚弹芯的能力。二是大型资本资产项目，该项目包含 5 个预估成本超过 1 亿美元的大型项目，主要目的是通过基础设施建设支持钚弹芯生产，其核心的钚弹芯生产设施项目仍处于起步阶段。三是设施维护与资产重组项目，此类设施维护和资产重组项目的经费一般不超过 2 500 万美元，项目周期不超过 5 年，大部分为辅助类项目。四是新辅助办公楼项目，即未来 5 年内建造几栋新的办公和支持性建筑，以容纳新招募的 1 600 名员工。五是其他部门管理的项目，如国防核安全办公室负责的实物、信息和人员安全管理以及许可证发放工作，安全运输办公室负责的核材料和核武器运输工作，环境管理办公室与环境、安全和健康办公室分别负责的场内与场外环境清理工作等。

(2) 萨凡纳河钚弹芯生产计划

与洛斯阿拉莫斯场址多项目同时推进不同，萨凡纳河钚弹芯生产计划被统一整合为由基础设施办公室负责管理的“萨凡纳河钚加工设施”(SRPPF) 项目。NNSA 希望通过 SRPPF 项目在萨凡纳河场址建成有效、灵活的钚弹芯生产能力。目前，SRPPF 项目已进行了确定备选方案和成本范围的关键决策（CD-1），计划在 2025 年正式进行设定绩效参数的关键决策（CD-2）。

SRPPF 项目中的工作可被分为工艺厂房、基础设施、行政大楼、安保设施和培训中心建设等五个方面。工艺厂房建设是该项目的核心，该项目的钚弹芯生产主厂房将由旧有的 MOX 燃料制造设施（MFFF）改造而成，还将包括钚分析实验室以及原料储存、废料管理、供电配电等配套设施的修建工作；基础设施建设主要包括旧有设施的拆除、各类埋地线路的铺设、道路修建、场地平整等；行政大楼建设主要包括新的办公楼和辅助建筑的建设；安保设施建设主要包括控制、探测系统的设计安装以及警卫部队驻地的修建；培训中心建设则主要是具有仿真模拟功能的培训基地的建设。SRPPF项目目前仍处于起步阶段，当前的活动主要包括建筑与设施的设计、长周期采购的准备以及部分场地的准备等。

2. 钚弹芯生产能力建设面临的挑战

重建钚弹芯生产能力是NNSA目前开展的最复杂和成本最高的工作之一。针对此类项目，美国国防采办管理办法要求相关单位制定综合总进度表（IMS）并开展全生命周期成本估算。

钚弹芯生产能力重建计划应在2024年和2025年实现“第一个新钚弹芯生产线投产”和“年产10枚钚弹芯”两个里程碑节点，但GAO认为，NNSA仍未完成相关文件的编制，意味着这项数十亿美元的投资存在极大的项目管理风险。

（1）综合总进度表尚不完善

GAO认为，NNSA针对钚弹芯生产计划提交的综合总进度表尚不完善，主要存在以下问题：一是缺少关键活动，NNSA仅针对洛斯阿拉莫斯的钚弹芯生产项目制定了综合总进度表，且时间仅到2027年年产30枚钚弹芯的里程碑节点为止，萨凡纳河场址和其他相关单位的活动并未包含在其中。二是缺少资源配置，NNSA制定的综合主进度表没有明确完成项目所需的资源，显著增加了项目进度推迟的风险。三是项目时间过长，NNSA制定的综合主进度表中，设定的项目所需时间过长，且缺少中间节点或项目细节，无法进行准确的进度评估。

（2）未开展全生命周期成本估算

GAO认为，全生命周期成本估算是项目管理过程中的一项关键要素，在项目的早期规划和制定过程中，能够为决策提供信息，便于选择不同的项目方案。虽然 NNSA 在 2023 财年的预算申请中，对一定时间范围内钚弹芯生产计划所需资金进行了估算，例如，2027 财年之前“钚现代化计划”需要 69.4 亿美元，洛斯阿拉莫斯场址的大型资本资产项目 2029 财年前需要 42 亿～56 亿美元，维护和资本重组项目在 2023 财年需求 0.45 亿～0.46 亿美元，办公楼项目在 2027 财年前需求 2.4 亿～2.44 亿美元，萨凡纳河场址项目在 2035 财年前需求 69 亿～111 亿美元。但 GAO 认为，这些概算数据针对不同项目使用了不同的方法，准确度也不尽相同，对于项目生命周期的总成本估算作用有限。

3. 小结

美国 1989 年停止了钚弹芯的大规模生产，重启钚弹芯生产计划并在时隔 30 年后投资重新修建生产设施表明美国全力推进核力量现代化的决心。按计划，2024 年洛斯阿拉莫斯钚弹芯生产线应实现投产，但综合总进度表和全生命周期成本估算等方面的工作缺失，极有可能给项目里程碑节点实现和成本控制造成不良影响。

（中核战略规划研究总院
江舸帆、马荣芳）

六、美国高浓铀加工精制技术现代化进展

2023年6月，瑞典斯德哥尔摩和平研究所（SIPRI）发布《SIPRI年鉴2023》，该报告估计截至2022年美国拥有487吨高浓铀，其中包含361吨武器级高浓铀。高浓铀是核武器的重要装料，1944—1964年美国生产了大量武器级高浓铀。美国国家核军工管理局下属Y-12厂负责加工、处置和贮存高浓铀，为海军反应堆加工铀燃料，并开发核弹头及其铀部件。

1.“铀计划”组建背景

美国高浓铀加工设施面临众多问题。主要铀加工设施9212号厂房存在“最严重的核安全风险”，可能导致放射性物质泄漏，1994年因监管机构发现存在严重临界安全违规行为而关闭，2006年恢复运行，但是无法处理积压材料与纯化高浓铀金属。其他辅助加工设施运行维护成本不断上升，设备停运、流程中断频繁。水法加工工艺落后，安全性差，可能导致放射性污染。

美国高浓铀中间过程材料储存问题也由来已久。1996年，能源部发布《高浓铀工作组报告》，指出Y-12厂高浓铀储存问题最为严重。2006年，美国政策调研研究所发布报告指出，上述长期存在的安全问题并未得到解决，铀加工设施积压了大量高浓铀中间过程材料，已发

生数起火灾和爆炸。

为此，2014 年美国专门设立“铀计划”——武器级高浓铀加工精制技术现代化计划，总体目标是除设施延寿外，到 2025 年建成铀加工设施，应用新型工艺，处理所有中间过程材料。目前，新设施建成时间推迟到 2028 年年底或 2029 年年初。

2. “铀计划”主要内容

“铀计划”包括四个部分：一是新建加工设施，替代 9212 号厂房的加工任务；二是研发新型技术，提高铀工艺的效率和效果；三是清理积压材料，降低老旧设施的安全风险；四是维护现有设施，延长老旧厂房的使用寿期。

(1) 新建加工设施：严重超概，多次拖期

新建的铀加工设施是美国整个核军工综合体最大的投资项目之一，计划配有铸造、特种氧化物生产、回收与衡算等能力。2004 年美国就计划建造，但过程一波三折，最终在 2017 年敲定最终计划，经费从 14 亿～35 亿美元飙升至 65 亿美元，投运时间从 2018 年推迟至 2025 年。然而，2023 年再次提出增加投资与延长工期，目前计划投资 85 亿～89.5 亿美元，计划于 2028 年年底或 2029 年年初投运。

超概与拖期的原因包括三方面：一是国家核军工管理局前期对该设施成本估计过度乐观，未对项目进行有效监督；二是承包商未充分管理和整合分包商的设计工作，未及时向国家核军工管理局通报进展与问题、项目管理流程和制度存在缺陷等；三是受新冠疫情、制造业外流等外部环境影响，通货膨胀、技术工人短缺、供应链紧张等问题导致核军工基础设施建设项目普遍出现成本上涨、工期延误的情况。

(2) 研发新型技术：成熟度低，发展曲折

20 世纪 90 年代，美国能源部开始研发无盐直接氧化还原和真空

感应熔炼工艺，旨在取代自20世纪50年代以来使用的氧化物转化为铀金属的化学转化工艺和铀部件铸造工艺。然而，能源部2009年放弃真空感应熔炼工艺，转而研发微波铸造工艺；2013年放弃无盐直接氧化还原工艺，转而研发直接电解还原与电解精炼工艺，导致铀加工设施的加工区设计多次变更。

美国曾计划在铀加工设施中部署10项新型技术，目前其中6项因技术成熟度低而暂停研发，正在研发的4项中仅有微波铸造工艺有明确的应用时间，计划2025年后开始论证工艺可行性。美国为替代无盐直接氧化还原工艺而研发了电解精炼与直接电解还原工艺，以及为处理积压材料研发了煅烧与材料直接熔化工艺，其中电解精炼、煅烧、材料直接熔化工艺展较为顺利，预计2025年启用；直接电解还原工艺进展缓慢，目前处于测试与开发阶段，预计2030年应用。

（3）清理积压材料：管理混乱，危险性高

1996年美国能源部发布《高浓铀工作组报告》，指出Y-12厂9212号厂房与9206号厂房均积压了约100吨加工过程中产生的易燃、不稳定材料，共32 000个高浓铀物项，储存容器不符合中、长期储存标准，在设施走廊、生产通道和生产线放置了四十余年；数千个储存容器中超过60%从未打开，且不知道其中物项；Y-12厂没有所有高浓铀材料的完整记录。过去几十年，铀储存区发生了多起火灾和爆炸。

美国计划将储存在Y-12厂老旧设施中的大部分铀材料转移到2010年建成的储存设施中，降低老旧设施发生安全事件的风险。自2015年以来，已将50多吨铀材料从老旧设施转移到该设施，2019年时这项工作已完成约77%。原计划2023年完成剩余工作，但目前看来尚未完成，能源部2024财年工作计划中仍包括“减少材料库存”。

（4）维护现有设施：设施老旧，事故多发

由于资金紧张、工程进度慢等原因，美国将原计划配置在铀加工

设施中的能力，转移或保留在现有三座厂房中。这三座厂房建于20世纪五六十年代，厂房本身及电气、通风等配套设施老化严重，之前发生过数十起火灾和爆炸，需要尽快维护与改造。2017年，美国制定了这三座厂房的延寿计划，将运行时间延长到21世纪40年代。美国国家核军工管理局估计，延寿计划每年将花费约2 500万美元，为期10年，总计约2.5亿美元。

3. 小结

美国“铀计划”的主要目的是建立灵活响应的新技术。美国武器级高浓铀库存充裕，对生产能力需求并不紧迫，当前主要任务是建立灵活响应的新技术。当前美国拥有361吨武器级高浓铀，数量上完全可满足未来需求，但是铀加工精制的厂房与设施陈旧、技术落后，亟待研发新技术，需建立新的铀加工设施，维持人才与知识，建立灵活响应的新技术，满足国防需求。

（中核战略规划研究总院
高寒雨）

七、俄罗斯核力量现代化即将全面完成

2023 年 12 月，俄罗斯总统普京在出席国防部委员会会议时宣布，俄罗斯整个核武库已经基本完成升级，核力量中现代化武器的比例“已达 95%”，战略部队正保持最高水平的战备状态。

1. 俄罗斯核力量现代化计划有关背景

2010 年 12 月 13 日，时任俄罗斯总理普京宣布，俄罗斯政府将在未来 10 年投入 20 万亿卢布（约合 6 500 亿美元）对俄罗斯国防力量进行现代化改进，其中重中之重是核力量的现代化提升，这被普遍认为是俄罗斯核力量现代化计划的开始。2011 年 2 月，俄罗斯国防部宣布，将在 2011—2020 年投入 700 亿美元用于核力量现代化。

苏联解体后，俄罗斯继承了苏联的核武器装备体系，成为世界上核武库规模最大的两个国家之一。20 世纪 90 年代，俄罗斯面临严重的经济压力，无法对核力量进行大量投资，仅能勉力维持核装备体系的基本运行，核力量实战能力与核威慑能力明显降低。进入 21 世纪，随着经济形势的缓和，俄罗斯提出了为期十年的核力量现代化计划，逐步替换苏联时期老旧装备，特别是美国特朗普政府提出重回大国竞争时代后，俄罗斯进一步加快了核力量现代化步伐，并研制了“萨尔马特”“先锋”等多种新型战略核武器装备，有效维持了俄罗斯强大的核威慑能力。

2. 俄罗斯现代化核武器装备体系构成

俄罗斯部署的核武器包括洲际弹道导弹核弹头、大当量核航弹等战略核武器，以及短程弹道导弹、巡航导弹配装的战术核弹头和核鱼雷、核炸弹等战术核武器。截至2023年年初，俄罗斯现役战略与战术核武器共4 489枚，其中1 674枚战略核武器部署在陆海空核运载平台上，其余999枚战略核武器与1 816枚非战略核武器处于库存状态。此外，俄罗斯保有约1 400枚退役但基本完好待拆解的核武器。

陆基核运载装备。陆基洲际弹道导弹在俄罗斯“三位一体”核力量体系中占比最大，是俄罗斯战略核力量的根本。俄罗斯战略火箭兵部署了321枚固定井（共4型）或公路机动发射（共2型）的洲际弹道导弹，可配装1 197枚核弹头，核弹头数约占俄罗斯部署战略核弹头数的45%。最新型的“亚尔斯”和“白杨”-M导弹均由固定井/公路机动发射，是陆基核力量的骨干装备，占比分别为60%和25%。首个“萨尔马特”导弹团的装备工作已于2023年10月开始。

海基核运载装备。海基核力量是俄罗斯近年来核力量建设的重点。俄罗斯海军共部署两个级别共计12艘弹道导弹核潜艇，其中7艘为新一代的“北风”级（3艘为最新型“北风”A级），可搭载“布拉瓦”潜射弹道导弹；5艘“德尔塔”Ⅳ级，可搭载改进型“蓝天”潜射弹道导弹。俄罗斯海基核力量共配装弹头896枚，约占俄罗斯部署战略核弹头的35%。随着最后一艘“德尔塔”Ⅲ级核潜艇在2021年年底退役，第7艘“北风”级核潜艇在2023年12月入役，俄罗斯海基核力量事实上已经从“德尔塔”时代正式进入了“北风”时代。2022年7月，首艘可携带“波塞冬”核动力水下无人潜航器的特种核潜艇“别尔哥罗德”号正式交付海军。

空基核运载装备。空基核力量在俄罗斯"三位一体"核力量体系中相对较为薄弱，现有两种共计68架具有核能力的重型轰炸机，包括13架图-160和55架图-95MS，共能运载580枚核空射巡航导弹（Kh-55、Kh-555和Kh-102），携带的核弹头约占俄罗斯部署战略核弹头的20%。目前轰炸机大多处于巡逻、训练等活跃状态。俄罗斯主要采取研改升级的方式推动战略轰炸机现代化。2022年1月，首架全新生产的图-160M战略轰炸机完成试飞。2023年，俄罗斯空军一次性接收了4架图-160M，表明俄罗斯已进入新型战略轰炸机全速生产部署阶段。

3. 俄罗斯"三位一体"核力量现代化取得显著成效

近年来，美西方不断推进北约东扩，对俄罗斯实施全方位战略包围。俄罗斯愈加倚重其"三位一体"核力量建设发展，随着核武器装备现代化率不断提高，其核威慑能力大幅提升。

（1）陆基洲际弹道导弹具备威慑美国和北约全境的核打击能力，可靠性、机动性、突防能力大幅提升

现代化初期，俄罗斯最先进的洲际弹道导弹是2006年开始部署的18枚"白杨"-M，2009年开始部署的3枚"亚尔斯"，仅占导弹总数的约6%，其余大部分为20世纪80年代部署的老旧导弹。目前，俄罗斯陆基核力量以193枚"亚尔斯"和60枚"白杨"-M作为骨干装备，占陆基导弹总数的约80%，最新型的"萨尔马特"（可携带"先锋"高超声速滑翔器）也逐步入役。通过现代化计划，俄罗斯陆基洲际弹道导弹已基本完成更新换代，最远射程从11 000千米（"撒旦"洲际弹道导弹）增加到18 000千米（"萨尔马特"洲际弹道导弹），配装了高超声速滑翔器，陆基洲际弹道导弹的可靠性、机动性与突防性能大幅提升。

(2) 新型弹道导弹核潜艇与新型潜射导弹数量大幅增加，海基生存能力、隐蔽核打击能力大幅提升

现代化初期，俄罗斯拥有 10 艘弹道导弹核潜艇：6 艘“德尔塔”Ⅳ（最后一艘 1990 年开始服役）和 4 艘“德尔塔”Ⅲ（最后一艘 1982 年开始服役）。最先进的潜射导弹是 48 枚 1986 年开始服役的改进型“轻舟”导弹，其余 112 枚导弹均为 20 世纪七八十年代部署的老旧导弹。现 7 艘“北风”级（其中 4 艘为升级版“北风”A 级）和 5 艘经现代化升级的“德尔塔”Ⅳ弹道导弹核潜艇成为俄罗斯海军的绝对主力。“北风”级可携带 80 枚 2014 年服役的“布拉瓦”潜射弹道导弹，“德尔塔”Ⅳ可携带 80 枚在“轻舟”基础上大幅改进的“蓝天”导弹。“北风”A 级是全球现役噪声最低的弹道导弹核潜艇，隐蔽性极佳，动力强劲，携带的“布拉瓦”新型潜射弹道导弹数量已经占现有海基导弹的 50%，可携带 6～10 个分导核弹头，且精度大幅提升，最大射程可达 9 000～10 000 千米，海基核打击能力大幅提升。

(3) 战略轰炸机大规模升级改造，空基核打击能力能显著提升

现代化初期，俄罗斯拥有 62 架 1984 年开始服役的图-95MS 战略轰炸机及 13 架 1987 年开始服役的图-160 战略轰炸机，主要携带核航弹与 AS-15 空射核巡航导弹。经过现代化升级后，俄罗斯图-95MS 的航空电子设备、动力系统和载弹量全面增强；完成在役图-160 战略轰炸机的改进工作，为其装配新研的发动机和自动驾驶系统（新雷达、驾驶舱、通信和航空电子设备）；启动改进型图-160M 战略轰炸机复产，增加空基核轰炸机队规模；现役两型轰炸机均可携带核航弹及 AS-23 新型空射核巡航导弹。经过现代化升级改造，俄罗斯战略轰炸机携带核武器的种类、数量都大幅提升、发挥了其大平台大载弹量的优势，续航里程增加，空中核打击能力提升显著。

4. 小结

俄罗斯以陆基为本、以海基为重推动“三位一体”核战略核武器的升级换代，加快新型陆基和海基战略核武器的研制，兼顾对战略轰炸机实施升级改造，通过技术创新大幅提高了核打击能力。洲际弹道导弹突防能力、生存能力、分导弹能力与射程大幅提升；弹道导弹核潜艇静音性能、下潜深度等，以及潜射弹道导弹可靠性、精确性大幅提升；战略轰炸机动力、驾驶系统性能和载弹量/种类明显提升。俄罗斯新型核运载工具采用谱系化、模块化发展，同时推进多种型号核武器装备研改部署。俄罗斯在进行新型战略弹道导弹研发时充分利用现有战略弹道导弹的成熟技术，以基本型、系列化为原则，循序渐进、重点突破，有效提升了导弹的综合能力并缩短研制周期。

（中核战略规划研究总院

张　莉、孙晓飞）

八、俄罗斯宣布成功测试“海燕”核动力巡航导弹

2023 年 10 月 5 日，俄罗斯总统普京表示，俄罗斯已成功进行“海燕”核动力巡航导弹试验，其研制工作接近完成，将致力于该型装备生产。“海燕”核动力巡航导弹为俄罗斯提供了一种利用高机动性保持战略威慑的打击手段，备受国际关注。

1. “海燕”核动力巡航导弹研发背景

俄罗斯在常规军力难与美国争锋的情况下，始终将核力量作为巩固大国地位、与美国战略博弈、防止冲突升级的底牌。在面临美西方全方位战略包围、遏制，且国防预算有限的情况下，俄罗斯积极探索、优先研发“海燕”核动力巡航导弹等新质核战略武器系统。

梳理俄罗斯公布的信息，“海燕”研发始于 2003 年，2018 年进入研发“快车道”。2018 年 3 月，普京发表国情咨文，首次高调展示“海燕”，并用三维动画视频模拟了“海燕”绕过导弹防御系统的飞行过程：导弹从俄罗斯本土发射，超低空绕过欧洲飞向南极方向，飞行过程中绕过地面雷达站的监控区域，从南美洲南端转向太平洋地区，展现出导弹规避雷达监控和防空反导系统的优点。2019 年普京宣布，“海燕”已达到设计指标，材料工艺和导弹结构设计为世界一流，并展示了飞行试验片段和导弹总装车间视频。俄罗斯国防部副部长鲍里索

夫也表示，已进行了“海燕”试验，该导弹具有无限航程，并可在空中停留数日。2020年和2021年，普京两次发表国情咨文均提到“海燕”研发顺利。2021年，俄罗斯在北极新地岛部署“海燕”导弹发射器，俄罗斯国防部部长绍伊古要求抓紧完成“海燕”研制工作，计划2025年投入使用。2023年9月至10月初，美西方媒体多次报道，卫星图片显示北极圈附近俄导弹试验场活动频繁，应为俄罗斯准备测试“海燕”导弹，与近日普京发言契合。

2. 导弹作战性能

目前俄罗斯官方尚未正式公布“海燕”详细性能参数，但根据官方披露的视频，结合军方领导和科研机构提供的新闻采访，可归纳为以下几点。

(1) 基本参数

“海燕”导弹在升空前弹体长约12米，在巡航飞行时长约9米，直径不小于1米，尾翼高度3.6～3.8米，质量2.2～2.4吨（也有数据表示为4.5～5吨）。可装备核战斗部（兆吨级热核弹头）或常规战斗部。由巡航级和助推级两部分组成，巡航级采用核动力发动机，包括中央弹身主体、核动力喷气发动机，及折叠式后掠机翼和尾翼；助推级采用固体火箭发动机。巡航速度750～900千米/小时，最大速度1 100～1 300千米/小时；巡航高度7～6 000米，一般维持50～100米飞行高度；巡航里程近乎无限。发射装置采用固定/机动地面发射装置，发射装置的储运发射箱长度约14米，储运发射箱最大直径约2米。

(2) 作战性能

“海燕”具有超长的巡航飞行距离和高速超低空飞行突防能力，这与其装备小型核反应堆作为导弹巡航动力有关。据俄罗斯新闻公开报道信息，其作战性能如下。

具有“几乎无限”的巡航飞行距离。“海燕”发射后依靠核动力推进，相比常规动力巡航导弹，飞行距离“几乎无限”。这意味着可利用超长空中“待机”时间，精准规划航线，规避敌方反导系统拦截。“海燕”还配备飞行路线编程自主惯性控制系统，在航程中能及时更新飞行任务、重新寻的，能够灵活应对不同的作战环境和目标类型，确保打击的准确性和有效性。

装备大当量战略核弹头。据2019年俄罗斯《军火库》杂志报道，“海燕”属于战略武器，将装配大当量战略核弹头。据信极可能采用Kh-102空射核巡航导弹的弹头，其爆炸当量为25万吨。Kh-102是俄罗斯目前最先进的空基战略武器，2012年入役，主要由图-95MS和图-160M战略轰炸机携带，航程5 500千米。

速度快、可隐身，突防能力强。“海燕”采用的核喷气发动机可实现马赫数为2～4的飞行速度，采用低可探测材料和减少雷达反射面积的设计，降低了敌方的侦测能力，配合超低空飞行，利用地形地物可大幅提升导弹的突防能力。此外，因内置核反应堆，即使对手发现也需考虑核爆或核污染，不会轻易将其拦截或击落。

体积大，部署要求高。“海燕”体积超过现有的海基、空基巡航导弹，可能无法利用俄罗斯现役武器平台的发射装置，短期内不可能装备在现有舰艇、潜艇以及轰炸机。因此“海燕”首先可能部署在俄军战略火箭军的各导弹师/团，采用地面固定/机动发射装置发射。另“海燕”为实现快速加热获得大推力，很可能使用空气直接通过反应堆堆芯的加热技术，会带出一定的放射性，对其作战部署也提出较高要求。

3. 小结

近年来，美西方不断推进北约东扩，对俄罗斯实施全方位战略包围，挤压俄罗斯战略空间，削弱俄罗斯发展。俄罗斯愈加倚重核力量建设发展，近年来优先重点研制装备“海燕”“先锋”“萨尔马特”“波塞冬”等新型颠覆性战略核武器，以形成“非对称”战略优势，威慑牵制美西方，维持俄美战略平衡和俄大国地位。俄罗斯创新性地发展能够突破美国全球反导系统的新质武器。“海燕”核动力巡航导弹为俄罗斯遂行核打击任务提供了新的选项，是强化俄“三位一体”核打击能力的重要技术路径。

（中核战略规划研究总院
张　莉）

九、法国发布军事法案将核威慑力量列为国防建设首要事项

法国国防部 2023 年 4 月 6 日发布《2024—2030 年军事规划法》，明确了海陆空三个领域未来七年的国防预算投向、新信息技术手段建设以及加强同盟国的战略伙伴关系等事项。按惯例，该法案应于 2025 年前后发布，但是受到俄乌冲突等新战略形势影响，法国提前推出法案以布局未来重要国防事项，提出将投入 4 133 亿欧元开展国防建设活动，较上一版即《2019—2025 年军事规划法》中批准的 2 950 亿欧元大幅增长了 40%。法案提出将采取多项措施维持和提升核威慑能力。

1. 核力量建设预算及投向

《2024—2030 年军事规划法》将核威慑力量建设作为国防首要事项，继续坚持“海基为主、空基为辅”的战略核威慑力量结构，同时大力推进核指控系统现代化。法国防部计划将法案中 15%的经费用于核威慑力量建设。

(1) 海基核力量建设

法国现有的海基核力量包括 4 艘第二代“凯旋”级弹道导弹核潜艇，每艇配备 16 枚射程为 8 000～10 000 千米的 M51 型导弹；另有 4

艘“红宝石”级和1艘“梭鱼”级攻击型核潜艇。未来，法国海基核力量建设将聚焦以下三个方面：

一是加快改进M51型潜射洲际弹道导弹。目前，法国弹道导弹核潜艇装备的皆为M51.1型和M51.2型导弹，正在大力研发M51.3型导弹，预计于2025年部署。

二是推进4艘第三代弹道导弹核潜艇SNLE-3G列装。SNLE-3G将装备16枚M51.3型或M51.4型导弹，预计将于2035年开始陆续服役，以取代将于21世纪30年代退役的“凯旋”级核潜艇。其中首艘的建造工作将于今年内启动。

三是到2030年交付6艘“梭鱼”级攻击型核潜艇，以取代性能有限且接近设计寿命的“红宝石”级核潜艇。首艘“梭鱼”级核潜艇已于2022年6月服役，第二艘已于2023年3月底开始海试，另外4艘正加快建造步伐。

（2）空基核力量建设

法国现有的空基核力量包括约50架“阵风”型战斗机，每架可搭载1枚ASMPA导弹。未来，法国空基核力量建设将重点推进以下三个方面的工作。

一是加快部署升级版ASMPA-R中程空对地导弹，并持续开展第四代空地巡航导弹ASN4G的研发工作。ASMPA-R导弹2022年3月成功试射后进入生产阶段，预计将于2023年年底列装。同时，法国也在开发采用高超音速设计、射程更长且具有隐身特征的新一代ASN4G导弹，用于取代ASMPA-R。ASN4G导弹计划于21世纪30年代在“阵风”F5上进行运行调试，未来还将部署在法国新一代战斗机上。

二是推进“阵风”战斗机升级以及“未来空中作战系统”新一代战斗机的研发。首架“阵风”F4战斗机已于2023年3月初交付法国空军，进入初始作战能力测试阶段；在研的“阵风”F5战斗机预计可服役至 2060 年。同时法国启动了新一代“未来空中作战系统”战斗机的研发工作，预计最早 2040 年列装，届时将逐步取代“阵风”战斗机。

另外，法国将在 2025 年底至 2026 年初启动新核航母的建造，预计耗资近百亿欧元，其中 50 亿欧元已纳入本次发布的《2024—2030 年军事规划法》。法国新航母排水量为 7.5 万吨，采用双堆布置，总功率为 45 万千瓦，目前初步设计工作已完成，预计于 2036 年至 2037 年进行首次海上试航，未来将取代“戴高乐”号航母。

(3) 核指控系统现代化

法国将海基、空基核力量与核指控系统视为核威慑的三大基石。高度安全的核指控系统可确保总统随时启动使用核力量，即能够在任何情况任何地点向部队和武器装备系统传输命令。因此，此次发布的军事规划法强调需大力提升核指控系统现代化水平。

当前法国正开展核指控系统改造升级：2020 年已完成四个海军指控中心传输系统的现代化改造，正在开展机载指控系统的改进升级，并已于 2022 年启动了“基于城市的战略和生存网络通信系统”优化。

2. 发布背景

法国大幅增加国防预算，在短期内对武器装备进行改进的同时加快新一代装备研发，提升其在全球的军事力量投射能力。

(1) 国防预算大幅增加

较《2019—2025 年军事规划法》，此版规划法提出用于军事力量建设的经费上涨了 40%；其中 2030 年的军事预算将增至 690 亿欧元，较 2023 年预算上涨约 57%。此前法国曾提出到 2025 年将国防投入提高至国内生产总值的 2%，而通过此次新发布的法案，法国或将提前实现这一目标。

（2）强化应对威胁的重要性

《2019—2025年军事规划法》扭转了法国30多年国防预算不断下降的趋势，以重建法国军事力量为主要目标。而此次颁布的《2024—2030年军事规划法》则明确提出将应对威胁作为主要目标，这些威胁包括非洲恐怖主义、朝鲜和伊朗核扩散、俄乌冲突等区域风险，以及太空、深海和网络等新领域的挑战。

（3）加快武器装备升级和研发

为推进核威慑力量建设，法国在不断对潜射洲际弹道导弹、中程空对地导弹和“阵风”战斗机等进行改进升级的同时，大力推进新一代武器装备研发，包括第三代弹道导弹核潜艇、第四代空地巡航导弹、新一代战斗机、新核航母等。虽然受经费等因素影响，部分武器装备的研发和部署时间可能会推迟，但国防部明确表示不会放弃任何一项研发计划。

3. 小结

法国新版军事规划法的目标从军事力量重建转向“战争假设”，将海基和空基核威慑力量建设置于国防和军事建设的核心地位。法国国防部声称，俄乌冲突下的全球军备控制体系崩溃直接导致了法国国防预算从2023年到2030年高达57%的涨幅，即该法案是一项“向战时经济过渡”的计划。法国希望通过这一法案加强其在全球其他地区的影响、预防和干预能力。

（中核战略规划研究总院
李晨曦、马荣芳）

十、印度加速推进“三位一体”核力量建设

2023 年 6 月 7 日，印度称成功试射了“烈火”-P 弹道导弹，并称这是负责管理核武库的三军战略部队司令部进行的“首次入列前的夜间发射”。近一年，印度频繁多场景试射“大地”-2，“烈火”-1/3/4/5/P 等多型可搭载核弹头的近、中、远程陆基弹道导弹和潜射弹道导弹，并入役新型战斗轰炸机。印度以“支配南亚、控制印度洋、增强在亚太地区影响力”作为其发展目标，加速推进“三位一体”核力量建设，积极扩张核武库，相关情况引起国际社会高度关注。

1. 核力量现状与能力

印度于 1974 年爆炸了第一颗原子弹，数十年来不断建设发展核力量，特别是近年来发展加快，据瑞典斯德哥尔摩和平研究所年鉴最新数据，已建成由 9 型约 129 件核运载装备，以及约 160 枚核弹头构成的“三位一体”主战装备体系，初步具备对周边目标实施“三位一体”核打击的能力。另据国际易裂变材料专家组估计，印度已经生产了大约 600 千克武器级钚，最多可制造 200 枚核弹头。

陆基弹道导弹是印度核力量的支柱。主要有 4 型导弹：24 枚“大地”-2、16 枚“烈火”-1 近程弹道导弹；16 枚“烈火”-2 中近程弹道导弹；8 枚“烈火”-3 中程弹道导弹。导弹最大射程 3 200 千米，其中

“烈火”-3具有固定和公路、铁路机动等多种发射方式。

弹道导弹核潜艇初步具备威慑巡航能力。只有1艘“歼敌者”级弹道导弹核潜艇，该艇配装12枚携带核弹头的K-15潜射弹道导弹，导弹射程700千米，仅具备有限的海基核打击能力。

核常兼备战斗轰炸机具备中近程核轰炸能力。主要有进口的“幻影”2000H/I和“美洲豹”IS/IB战斗轰炸机共48架，航程分别为1 850千米和1 600千米，每架飞机可挂载1枚核航弹，可对无防空设施的中近程目标实施核轰炸。2022年接收的36架“阵风”飞机，正在进行本土化改造。

2. 未来五年建设发展重点

未来五年，印度将加紧新型核运载工具的研制与部署，全力推进“三位一体”核力量建设，以增强核威慑能力和实战化能力。

（1）陆基核力量

持续研发“烈火”系列陆基弹道导弹。“烈火”-4导弹于2014年完成最终研发测试，国防部宣布开始批量生产。该导弹装备1枚爆炸当量为4万吨的核弹头，采用两级推进固体燃料，射程超过3 500千米，可公路或铁路机动部署。“烈火”-5导弹2018年12月完成最终飞行测试。该导弹也装备1枚爆炸当量为4万吨的核弹头，但采用三级推进固体燃料，射程超过5 200千米，可公路或铁路机动部署，列装后将具备实施接近洲际距离的核打击能力。

“烈火”-P 2021年至今成功进行4次试射，装备先进的火箭发动机、推进剂、航空电子设备包和导航系统，以及全新移动发射系统，被印度政府称为“新一代”核弹道导弹。也可搭载1枚爆炸当量4万吨的核弹头，采用两级推进固体燃料，射程1 000～2 000千米，预计2025年开始列装，将逐步取代印度核武器中老旧的“大地”-2、“烈火”-1 和“烈火”-2 弹道导弹。

“烈火”-6 研制工作于 2018 年开始，现仍在开发阶段，被认为是印度真正意义上的洲际弹道导弹。其采用三级推进固体燃料，射程超过 6 000 千米（原子科学家公报数据）。印度国防研究与发展组织称该导弹射程 8 000～10 000 千米，可采用多种载具发射，既可用陆基车载机动式发射，也可改造为海基发射，能携带 10 个分导式核弹头。

(2) 海基核力量

计划 2024 年列装“觅敌者”号弹道导弹核潜艇和 K4 潜射弹道导弹。该艇是印度第二艘国产弹道导弹核潜艇，安装 4 个发射仓，可携载 12 枚 K-15 潜射弹道导弹，每枚导弹携带 1 个爆炸当量 1.2 万吨的核弹头，未来将携载正在研制的 K-4 潜射弹道导弹。“觅敌者”号计划 2024 年前服役，质量稳定性将进一步提升，可开展更频繁的威慑巡航任务。K-4 弹道导弹已进行 6 次试射，采用固体推进燃料，射程超 3 500 千米，2020 年 1 月的试射就达成了各项战技指标。

(3) 空基核力量

引进法国“阵风”战斗轰炸机。印度向法国购买 36 架“阵风”战斗轰炸机，于 2022 年完成交付。该机航程约 3 700 千米，交付后，将进行 13 项“印度定制改进”，包括新型雷达、低温发动机启动装置、头盔显示瞄准系统、电子战和敌我识别系统等，可用于执行核任务。

3. 未来五年发展趋势

印度全方位加速陆海空核力量建设，可形成由 13 型约 160 件核运载装备，以及约 160 枚核弹头构成的“三位一体”主战装备体系：陆基弹道导弹从 4 型增至 7 型，弹道导弹核潜艇规模从 1 艘增至 2 艘，战斗轰炸机规模从 48 架（“幻影”-2000H/I、“美洲豹”IS/IB 战斗轰炸机）增至 68 架（16 架“美洲豹”退役，“幻影”-2000H/I、“阵风”战斗轰炸机在役），形成较为完备的“三位一体”核打击体系，核打击能力进一步提升，主要体现在以下三方面。

一是陆基弹道导弹机动性和打击范围大幅增加。研制部署“烈火”-P、“烈火”-4 和“烈火”-5 弹道导弹，采用全新的移动发射装置（“烈火”-P 弹道导弹），最大射程提升到 5 200 千米以上（“烈火”-5 弹道导弹），较现役陆基弹道导弹最远射程（“烈火”-3 弹道导弹，3 200 千米）增加 60％以上。“烈火”-6 弹道导弹尚未进行试射，预计该导弹射程将进一步增加至 10 000 千米。预计到 2027 年，随着“烈火”-4/5/6 等多型导弹的入役，导弹射程将提升 2～3 倍，陆基核打击能力大幅提升；部署地点可从目前的印巴边境和印东北边境扩展到印度全境，核力量生存能力提高。

二是空基战斗轰炸机规模与性能大幅提升。引进 36 架法国的“阵风”战斗机，如全部升级为具备可执行核任务的能力，那么执行核作战任务的战斗轰炸机数量可由 48 架增至 68 架（每架飞机携带 1 枚核航弹），提升 40％以上，最远航程达 3 700 千米，较现役飞机最远航程（“幻影”轰炸机，1 850 千米）提升约两倍。但印度轰炸机完全依赖进口，自主能力弱。

三是海基弹道导弹核潜艇初步具备“交替轮巡”能力。第二艘“歼敌者”级弹道导弹核潜艇“觅敌者”号服役。两艘潜艇各携载 12 枚 K-15 潜射弹道导弹，可实现一艘维护休整、一艘巡航的“交替轮巡”能力，加强印度在印度洋地区的威慑巡航。如 K-4 导弹按计划服役，将使潜艇配装的导弹的射程从 700 千米提升到 3 500 千米，大幅提升印度海基核打击能力。

4. 小结

印度立足打“对等核威慑”下的高技术战争，全力推进陆海空基核力量现代化建设，近年来核武库扩张明显，对中国及其他印度周边国家安全，特别是军事目标安全构成重要威胁。

（中核战略规划研究总院

张　莉、孙晓飞）

十一、朝鲜首次展示战术核弹头

据朝中社 2023 年 3 月 28 日报道，朝鲜劳动党总书记、国务委员长金正恩 27 日对朝鲜的核武器工作进行了指导，并提出朝鲜核武器未来发展方向，即“核武器研究所和原子能部门应该为切实贯彻党中央要求‘几何级数’般地增加国家核武器数量的构想，有远见地扩大武器级核材料生产，加快生产强有力的核武器。”同时，朝中社还公布了金正恩视察战术核弹头及与之适配的多种类型导弹的照片。这是朝鲜首次公开展示战术核弹头，显示了朝鲜导弹核武器研制取得新进展。

1. 有关朝鲜战术核弹头的几点分析

(1) 技术分析

弹头外形。朝中社公布的照片显示，在一个大厅中整齐排列了 10 个被命名为“火山”-31 的战术核弹头。核弹头外形为胶囊状，墨绿色弹体，红色顶端。弹体包括头部、中部和底座等部分，各部分衔接处使用螺栓和紧固件固定。弹体中部标有弹头型号和编号。

弹头尺寸。根据位于核弹头旁边金正恩身高比例，推测“火山”-31 核弹头直径约 40～50 厘米，长约 90 厘米。根据照片中墙上张贴的示意图判断，其可能仅为初级裂变装置，不含氢弹主体，尺寸小于朝鲜 2016 年公布的单级核装置。

威力。朝鲜展示的核弹头所具有的爆炸威力以及采用了何种设计尚不确定。2006—2017 年期间，朝鲜曾进行过六次地下核爆炸试验，检验了多种核装置设计与综合性能，爆炸威力 1 千～200 千吨 TNT 当量。考虑到其宣称为战术核武器，并且可能仅为裂变装置，所以估计威力应小于 10 千吨 TNT 当量。尽管核试验相关数据可为“火山”-31 核弹头设计提供参考，但要确保“火山”-31 核弹头满足武器化设计要求及具备可靠的性能，严格来讲仍需经过核爆炸试验检验。

爆炸方式。在核武器攻击作战中，可采用多种爆炸方式打击敌方目标。不同的爆炸方式在不同的范围内产生不同的破坏效果。其中，与触地爆炸方式相比，空爆方式破坏性更大。该方式可产生强烈的光辐射和冲击波，对地面目标和人员造成大范围破坏与杀伤。朝鲜在 2023 年 3 月 19 日、22 日和 27 日的弹道导弹和巡航导弹试射中连续进行了弹头空爆试验，模拟核战斗部分别在目标 800 米、600 米和 500 米上空爆炸，据此推测，朝鲜战术核弹头具备采用空爆方式的能力。

(2) 运载能力分析

经过多年努力，朝鲜研制了种类和型号众多的导弹，形成了近、中、远射程基本衔接的导弹系列。目前正在加大力度开展核装置与多型导弹匹配研究，以进一步提升核力量作战能力与核打击的有效性。

为推进战术核武器发展，朝鲜近几年来集中研发了几种可搭载战术核弹头的新型武器装备（包括新型陆基弹道导弹、陆基/海基巡航导弹、无人潜航器等）。朝中社 3 月 27 日公布的照片显示，除了战术核弹头以外，在金正恩视察现场还陈列了弹道导弹及巡航导弹实物以及墙上张贴的武器示意图。示意图显示，“火山”-31 战术核弹头可与导弹或无人潜航器等八种型号武器兼容。其中包括 KN-23、KN-23B、

KN-24等陆基近程弹道导弹；新型“战术诱导武器”；最大射程约400千米并具备制导功能的KN-25短程弹道导弹（朝鲜称超大型火箭弹）；“箭矢”-1和“箭矢”-2远程巡航导弹；“海啸”无人潜航器（鱼雷）等。这些全新的战术核武器运载平台将在实现朝鲜提出的“强化战术核打击效果和火力任务多元化”中发挥作用。

2. 扩大军用核材料生产，增加核弹头数量

金正恩在视察中提出要实现“几何级数般地增加国家核武器数量的构想”，并要求朝鲜军工部门“有远见地扩大武器级核材料生产”。经过数十年发展，朝鲜已构建了较为完整的国防核军工生产体系，生产了一定数量的核弹头、钚和武器级高浓铀。据国际易裂变材料专家组2023年估计，截至2022年，朝鲜的分离钚数量约40千克，高浓铀约400～1 000千克。朝鲜现有核弹头约10～20枚。IPFM估计，朝鲜拥有的易裂变材料足够制造60枚核弹头。

当前，朝鲜依靠宁边核研究中心的一座5兆瓦反应堆生产钚，据估计该堆在满功率条件下每年可生产6千克钚。此外，朝鲜安装有4 000台离心机的铀浓缩厂，估计每年可生产80千克武器级铀。

朝鲜宁边核研究中心正在频繁活动。根据近期美国卫星拍摄的图像显示，宁边核研究中心铀浓缩厂周围正在开展施工建设，为扩大浓缩铀生产作准备；5兆瓦反应堆持续运行，进行钚生产；在建中的实验轻水堆也存在施工活动并可能进行了反应堆冷却系统排水测试，以在适当时候启动运行。据估计未来该堆运行后，也可以生产武器级钚，这将为朝鲜增加一条生产钚的途径。

3. 小结

综合近期朝鲜高调展示战术核武器，以及导弹试射、空爆试验等

一系列举动，表明其核武器技术取得进展，已掌握将核战斗部与战术导弹相匹配的关键技术。朝鲜的“火山”-31战术核弹头可选择陆基、海基等多种型号导弹作为投掷平台，以多种方式执行核作战任务。

（中核战略规划研究总院
杨　力）

核 动 力

十二、2023 年国外核动力装备与技术发展回顾

2023 年度，国外在核动力领域继续深化研究，发展新技术，研制新装备，在舰船核动力、空间核动力和特种核动力等领域取得显著进展。美俄英法等国持续推动新一代核动力舰艇研制，加强海上核威慑力量；美国防部继续推进核热推进技术发展，支持太空军事能力部署；美国启动第二座军用可移动微堆设计，保障军事能源供应；俄罗斯生产首台“波塞冬”核动力无人潜航器，打造非对称作战优势。

1. 新一代海军核动力舰艇

美国加速推进下一代核动力舰艇建造。弹道导弹核潜艇，2023 年 10 月，美国海军表示正加快“哥伦比亚”级首艇的建造速度，以保障未来有足够时间进行测试验证。该艇已完成第一阶段的结构施工，正在开展第二阶段舾装工作。**攻击型核潜艇，**2023 年 3 月，美国能源部 2024 财年预算首次明确提出开展下一代攻击型核潜艇 SSN（X）的核动力装置研发工作，计划 2030 年代中期开始建造；8 月，第五批“弗吉尼亚”核潜艇首艇“刺尾鱼”号铺设龙骨；10 月，第四批“弗吉尼亚”级潜艇的第四艘“海曼·乔治·里科弗”号服役。

俄推动新一代舰艇列装部署进程。弹道导弹核潜艇，2023 年 12 月，第四艘“北风”-A 级弹道导弹潜艇“亚历山大三世”号服役，将

在太平洋舰队执行战斗值班任务。**攻击型核潜艇，**2023 年 11 月，“亚森”-M 级多用途潜艇的第四艘“阿尔汉格尔斯克”号下水；12 月，该级第三艘“克拉斯诺亚尔斯克”号服役。**核动力巡洋舰，**2023 年 5 月，俄罗斯国防部宣布，“纳希莫夫海军上将”号核动力巡洋舰将在测试后于 2024 年底在北方舰队服役。

英国推动新型潜艇研制进度。弹道导弹核潜艇，2023 年 2 月，第三艘“无畏”级核潜艇“厌战”号举行钢板切割仪式。该级潜艇将装备 1 座 PWR3 反应堆、X 型方向舵和新的涡轮电力驱动系统，进一步提升安全性能，降低全寿期成本。**攻击型核潜艇，**2023 年 2 月，第五艘“机敏”级核潜艇“安森”号完成系列测试工作，正式交付海军；10 月，BAE 系统公司获得价值 49.5 亿美元的 SSN-AUKUS 新型攻击型核潜艇建造合同，开始详细设计工作以及长周期材料采购，首艇预计 21 世纪 20 年代末开始建造，21 世纪 30 年代末交付。

法国积极布局下一代舰艇研制。弹道导弹核潜艇，2023 年 7 月，法国国防采办局对下一代 SNLE3G 核潜艇的模型进行测试，评估其海上回转机动性能。**攻击型核潜艇，**2023 年 7 月，第二艘“梭鱼”级核潜艇“迪盖·特鲁安”号交付海军，该艇于 2023 年 3 月开始海试，验证系统和设备的运行情况；该级第三艘“图维尔”号完成全部建造工作，等待后续测试，计划 2024 年海试。**核动力航母，**2023 年 4 月，法国武装部部长表示，将在 2025 年底到 2026 年初开始建造新一代核动力航母 PANG。

新兴国家持续推动核潜艇计划。印度，推动本土潜艇设计制造。2023 年 2 月，印度媒体称，其本土建造的第二艘弹道导弹核潜艇“觅敌者”号将于 2024 年投入使用，该艇将装备 1 座反应堆，功率约 80 兆瓦。**巴西，**持续推进国产攻击型潜艇研制进度。2023 年 10 月，巴西首艘核潜艇“阿尔瓦罗·阿尔贝托”号完成首块钢板切割，正式进入工程建造阶段，该艇预计 2031 年下水。**澳大利亚，**积极推进 AUKUS 核潜艇多边研发进程。2023 年 3 月，澳大利亚政府公布《AUKUS 核动力潜艇路线报告》，阐述了澳大利亚发展本土攻击型核潜艇在运行保障能力、人员、工业、技术、安全和管理等各方面的方针路线，全面推动本土核潜艇建设；7 月，澳大利亚核潜艇局成立，全面负责管理和监督澳大利亚的核潜艇计划；8 月，美英澳潜艇维护高级调查小组抵达珍珠港海军造船厂和中间维护设施，支持 AUKUS “第一支柱”倡议；12 月，澳政府称将斥资 3.66 亿美元成立海军核安全监管机构，负责核潜艇全生命周期内核安全和辐射防护的监管；同月，美国国会两院通过《2024 年国防授权法案》，同意向澳转让 3 艘“弗吉尼亚”级潜艇。

2. 新一代海军核动力技术

(1) 美国

持续加大海军反应堆技术投资力度，支持新一代海军反应堆技术研发。2024 财年，美国能源部预算提出为海军反应堆计划安排 19.6 亿美元经费，其中核反应堆技术和反应堆系统与部件技术等两项核心技术的研发经费分别为 3.09 亿美元和 3.92 亿美元，占比约 35.7%，较 2023 财年涨幅高达 19%。核心技术经费增长将加速美国海军反应堆技术研发步伐，支持下一代技术研制，储备前沿技术能力，形成非对称优势。

持续开展研发平台建设与升级改造，保持高水平科研能力。乏燃料操纵设施项目，海军反应堆正在建造乏燃料操纵设施，代替现已老旧的消耗堆芯设施对海军舰艇乏燃料、辐照后样本等开展处理和检查，进行经验数据反馈，并增加新能力；**S8G 陆上模式堆，**目前已卸出所有乏燃料，完成新设计反应堆顶盖区域的恢复和重组，以及新处理过的水冷却塔的测试，换料大修工作将在 2023 财年结束，继续支持操纵员培训及“哥伦比亚”级堆芯的概念验证；**贝蒂斯实验室部件试验综合体项目**，将建造 3 800 平方米综合试验设施，用于开展大规模热工水力试验，提升试验效率、可靠性，降低成本。该设施将在 2027 财年运行。

（2）俄罗斯

陆上模式堆成功测试长寿命燃料，支持下一代核潜艇长寿命燃料研制。俄罗斯近期科研文献披露利用 KV-1 陆上模式堆成功完成核潜艇长寿命燃料测试情况。KV-1 先后试验了 4 个反应堆堆芯，完成了 4 个试验周期，在接近实际运行条件下对核动力装置设计、运行模式、燃料棒与可燃吸收剂棒等基础元件开展了试验验证。根据试验时间、试验结果及建艇时间综合分析，KV-1 陆上模式堆第 3 运行周期验证了第四代核潜艇首艇堆芯的设计方案。而第 3＋运行周期验证了量产堆芯和优化堆芯的设计方案，且其燃耗深度又明显超过优化堆芯，显著扩充了运行经验和数据范围，可为进一步优化乃至第五代核潜艇燃料研发提供支撑。

（3）英国

扩建反应堆设施生产基地，为海军发展提供支撑。2023 年 6 月，罗尔斯罗伊斯公司宣布将其在德比郡的 Raynesway 场址规模扩大一倍，以支持英国海军需求的增长，并支持澳大利亚未来核潜艇舰队的交付。

3. 空间核动力

（1）美国

核热推进项目取得实质性进展。国防部“敏捷地月空间运行示范

火箭”（DRACO）项目，2023 年 1 月，NASA 与美国国防部国防先进研究项目局签署机构间协议，整合双方资源推进 DRACO 项目攻关进度；7 月，洛马公司与巴威技术公司被选定为项目主承包商，负责核动力火箭的设计、建造和测试，项目进入工程研制阶段。DRACO 项目计划在 2027 年开展核动力航天器发射和为期 1 天至 1 周以上的在轨运行演示验证，试验核动力发动机多次关闭和启动并达到满推力运行的能力。**NASA 核热推进（NTP）项目，**2023 年 10 月，美国超安全核公司（USNC）获得 NASA 核热推进系统开发合同，制造、测试燃料组件，建造、测试 NTP 发动机的关键安全系统，并与蓝色起源公司合作，推动 NTP 发动机设计进一步成熟。

美空军推动军用空间核动力技术发展应用。2023 年 5 月，齐诺动力公司获得美国空军价值 3 000 万美元的合同，计划 2025 年前建造一颗基于锶-90 放射性同位素电源的卫星；10 月，美国空军研究实验室（AFRL）与洛克希德马丁等 3 家公司签署总额 6 000 万美元的合同，为“联合应急技术供应在轨核电源”项目（JETSON）研制小功率反应堆，推进核动力空间飞行器的技术发展；12 月，AFRL 授予西屋公司一份研发合同，为 JETSON 项目的“高功率任务应用”研发空间核电推进系统。

（2）英国

开发月球基地反应堆电源。2023 年 3 月，英国航空局宣布与罗尔斯罗伊斯公司合作开展月球基地模块化反应堆初步演示；11 月，该公司展示了反应堆概念模型。反应堆将采用具有固有安全的极其坚固的燃料，能够承受极端条件，计划在 21 世纪 30 年代初送上月球。

推进核聚变火箭发动机研发。2023 年 6 月，英国脉冲星聚变公司与美国普林斯顿微型系统公司开展合作，利用人工智能技术研究普林斯顿场反配置反应堆的数据，深入了解等离子体在电磁加热和约束条件下的行为，并设计深空核聚变推进系统，实现一个月内可以到达火星的高速空间航行。

(3) 法国

开展空间核推进项目可行性研究。2023 年 6 月，法国原委会与欧空局合作开展核推进项目可行性研究，制定空间核推进系统技术路线图，支持未来火星探测任务；10 月，法马通公司成立太空公司，支持空间核动力技术发展。

(4) 印度

开发放射性同位素电源。2023 年 7 月，印度空间研究组织（ISRO）与巴巴原子研究中心（BARC）合作开发放射性同位素电源。该电源设计功率为 5 瓦，采用钚-238 或锶-90 等放射性材料。

4. 特种核动力装备

美军用微堆项目取得重大进展。2023 年 8 月，巴威技术公司宣布，“贝利”计划首堆目前处于设计的最后阶段，有望 2024 年春季前获得能源部批准，目前正在采购硬件、生产燃料、锻造安全壳、制造慢化剂块体；9 月，美国国防部向 X-能源公司授出“贝利”计划第二份设计合同，开发可用于国防和商业用途的改进型反应堆工程设计。

俄开展新型特种核动力武器测试。“波塞冬”核动力鱼雷，2023 年 1 月，俄罗斯生产首套“波塞冬”核动力鱼雷，并通过“别尔哥罗德”号特种核潜艇对鱼雷模型进行了一系列抛掷发射试验，探索潜艇在不同深度下发射鱼雷之后的行为。**“海燕”核动力巡航导弹，**2023 年 10 月，俄罗斯成功试射一枚“海燕”核动力洲际巡航导弹。俄总统普京表示这是“海燕的最后一次成功测试”，暗示导弹已经接近开发周期的终点。

5. 民用舰船核动力

俄罗斯计划再建两艘 22220 型核动力破冰船。2023 年 2 月，俄罗斯国家核动力破冰船公司和波罗的海造船厂签署建造第 6 艘和第 7 艘 22220 型核动力破冰船的合同。这两艘破冰船将分别于 2028 年 12 月和 2030 年 12 月服役。

多国推动民用核动力船舶研制。美国，2023 年，美国船级社委托美国赫伯特工程公司调查先进反应堆技术在商业船舶推进方面的应用潜力。**英国，**2023 年 4 月，英国 CORE POWER 公司公布 2800TEU 支线集装箱船的概念设计，该船采用熔盐堆提供动力，可将跨大西洋航线的运输时间从 10.2 天缩短至 6.5 天。**韩国，**2023 年 1 月，韩国三星重工宣布完成 CMSR 浮动驳船的概念设计，并获得美国船级社的设计基础认证，该船将装配紧凑型熔盐堆，计划 2028 年前完成所有发电设施的详细设计；2023 年 2 月，韩国原子能研究所等 9 家单位签署谅解备忘录，共同开发适用于船舶的熔盐反应堆。

6. 小结

(1) 主要军事强国和新兴国家积极推动核动力舰艇技术与装备发展

2023 年，美国稳步推进“哥伦比亚”级、“弗吉尼亚”级潜艇和“福特”级航母建造的同时，大幅增加海军反应堆核心技术研发费用，推动新一代潜艇研发；俄罗斯持续推进“北风”和“亚森”级潜艇建造，计划再建 2 艘“领袖”级第四代破冰船；英国增加国防开支，加大投入推动“无畏”级潜艇建造；法国进一步推进下一代航母和“梭鱼”级攻击型潜艇建造；印度推进第二艘本土建造的核潜艇服役，研发新一代弹道导弹核潜艇；巴西正式启动第一艘核潜艇建造工作；澳大利亚明确攻击型核潜艇获取路径，将与英国合作开发新设计的潜艇 SSN-AUKUS，首艘本土制造的核潜艇预计 21 世纪 40 年代初交付。

(2) 美俄英法等国发展空间核动力技术，探索深空探测、载人航天、军事航天新途径

2023 年多国积极推动空间核动力技术发展。美国 NASA 与 DARPA 签署机构间合作协议，共同推进 DRACO 项目开发，并选定主承包商，项目进入工程研制阶段，此外，美国空军也积极推进空间核动力军事应用；俄罗斯持续推进“宙斯”核动力拖船研发工作，初步设计将于 2024 年 7 月完成；英国启动月球基地反应堆电源开发工作，计划 2029 年前建造微型模块化反应堆演示模型，并送往月球；法国开展空间核推进项目可行性研究，并制定核推进系统技术路线图，支持未来火星探测任务。

(3) 美俄积极推进特种核动力技术发展，保持军事领先优势

美国“贝利”计划首堆目前处于设计阶段的最后阶段，有望 2024 年春季前获得能源部批准，最早 2025 年年底之前启动，第二座“贝利”微堆即将开展详细设计；俄罗斯“波塞冬”核鱼雷已完成首套装置生产，并开展抛掷发射等关键测试；“海燕”核动力巡航导弹成功进行测试，即将进入批量生产阶段。

（中核战略规划研究总院

蔡　莉）

十三、美国大幅上调海军反应堆技术投资经费，支持新一代海军反应堆技术研发

美国能源部 2024 财年预算提出为海军反应堆计划安排经费 19.6 亿美元，其中首次明确提出开展下一代攻击型核潜艇 SSN（X）的核动力装置研发工作。美国海军拟于 21 世纪 30 年代中期开始建造 SSN（X）。在战略背景和装备计划牵引下，美国能源部海军反应堆计划的核心技术研发经费正逐年大幅上涨，保持美国海军核动力技术的绝对优势。

1. 加紧推动核心技术进步，着手发展下一代核动力装置

美国在“大国竞争”战略主导下，近几年显著加大投资力度，全面推动海军核动力技术进步，研发下一代核动力装置，提升现役装置水平，提前布局前沿技术，以“扩大与敌人之间的技术领先差距”。

第一，核心技术研发经费正大幅上调，预计 2025 财年较 2020 财年实现翻番。海军反应堆计划的核心技术研发经费（不包括单独列出的型号研发经费），分列在“核反应堆技术”和“反应堆系统与部件技术”两个细目下，二者从 2021 财年到 2025 财年每年都有较大涨幅，合计经费从 2020 财年的 3.7 亿美元上涨到 2025 财年的 7.4 亿美元。其中，2023 财年涨幅达 17%，2024 财年达到 19%的最高涨幅。核反

应堆技术细目主要涉及反应堆燃料与材料，2022财年经费2.1亿美元，2023财年2.57亿美元，2024财年3.09亿美元。反应堆系统与部件技术细目主要涉及各类反应堆设备与部件，2022财年经费2.9亿美元，2023财年3.3亿美元，2024财年3.92亿美元。

第二，加紧推动技术进步，着手新一代核动力装置研制。美国海军下一代攻击型核潜艇SSN（X）项目已逐步启动，技战性能将比目前“弗吉尼亚”级进一步提升。按照装备研制管理，美国海军负责潜艇研制经费，能源部负责反应堆研制经费。美国海军2022财年开始投入并逐年增加研制经费。能源部海军反应堆计划2024财年预算首次明确提出支持SSN（X）项目，包括新型反应堆总体设计，将开展反应堆概念布置和减少部件尺寸/成本研究，支持SSN（X）方案分析；新型核燃料，2022财年完成了新型核燃料系统制造工艺概念的初步可行性演示；下一代仪控技术，将提升仪控性能，降低成本，提升舰船技战性能与安全性；新型传感器技术，将提高传感元件密度，提高准确性，强化控制系统，提升核动力装置响应能力和运行可靠性；新型设备，将提升功率密度，降低成本，降低尺寸重量影响；先进制造技术，正在研发粉末冶金热等静压技术和增材制造技术，降低成本和生产周期，提高灵活性；先进材料，已完成先进材料的鉴定和基于物理学的材料建模程序，改进未来平台的设计，消除材料问题对舰船运行造成的束缚，提高作战可用性，减少维护负担，并优化装置部件的性能。

第三，推动装备技术改进，提升现役装备水平。新技术开发也同时支持现有装备能力提升，包括批量在建装备的持续改进，为正在批量建造的“弗吉尼亚”级核潜艇和“福特”级核动力航母反应堆装置嵌入更大功率密度、更快制造、更经济的部件等；提升在役装备的运行水平，开发预测性的方法、分析在役核动力部件的数据，将舰艇的计划内核动力维护工作量减少30%，提高舰艇作战可用性；利用新技术提升数据反馈，针对海军堆乏燃料检查，采用水池水下放电加工设备进行处理，其具有固有安全特征和自动化能力，从而提高检查效率。

第四，提前布局借助人工智能、量子科学等前沿技术，营造技术跨代创新潜力。海军反应堆计划近年来预算报告提出将开发前沿技术，支持技术孵化，建立外部技术孵化机制，识别人工智能、先进机器人、能量储存等领域能给海军核动力装置竞争优势带来潜在跨代发展的新兴技术，加速具有跨代前景、形成非对称作战优势的技术研发步伐。

2. 持续开展研发平台建设与升级改造，保持高水平科研能力

美国海军反应堆计划近年来持续推动科研能力建设和整合，支持科研工作提升效率与能力。近期的主要能力建设项目如下。

乏燃料操纵设施项目。海军反应堆正在建造乏燃料操纵设施，代替现已老旧的消耗堆芯设施对海军舰艇乏燃料、辐照后样本等开展处理和检查，进行经验数据反馈，并增加新能力。新设施总面积约 2 万平方米，项目总经费约 23 亿美元，2018 年获得建造审批，2021 年完成最终设计，计划将在 2026 年第三季度完成运行审批。

S8G 陆上模式堆换料大修。S8G 是新技术示范的关键能力，目前已卸出所有乏燃料，完成新设计反应堆顶盖区域的恢复和重组以及新处理过的水冷却塔的测试。换料大修活动计划 2023 财年结束，后续将继续支持“哥伦比亚”级堆芯的概念验证，实现堆芯与艇同寿，并支持操纵员培训。

贝蒂斯实验室的部件试验综合体项目。该项目将建成 3 800 平方米综合试验设施，把贝蒂斯实验室和诺尔斯实验室原有的多个老旧试验能力合并在一起，用于开展大规模热工水力试验，提升试验效率、可靠性，降低成本。该设施 2019 年获得批准，2022 年启动施工，将在 2027 财年运行。

诺尔斯实验室的核燃料开发实验室。该项目正在扩建诺尔斯实验室的陶瓷开发实验室 C6 大楼，安装新设备与能力以增加支持先进燃料开发的空间，并将原先分散的 9 个区域的辐射作业合并，减少放射性材料运输。

3. 小结

美国海军反应堆计划正在显著转变技术研发的态势，核心技术研发经费持续稳步增长，将加速研发步伐、支持下一代技术研制、储备前沿技术能力，显示出美国迫切提升海军核动力装置技术能力水平、坚决“扩大与敌人之间的技术领先差距”、保持海上军力霸权地位的决心。美国下一代攻击型核潜艇 SSN（X）主要用于与大国对手争夺水下优势，预计将显著提升动力装置水平，具备更强的隐身能力，并可携带更多的武器和更多样化的有效载荷，是全面升级的水下作战利器。

（中核战略规划研究总院

蔡　莉、许春阳）

十四、美国国防部 DRACO 核热推进项目启动工程研制

美国国防部国防先进研究项目局（DARPA）和美国国家航空航天局（NASA）在 2023 年 7 月 26 日联合宣布选择洛克希德马丁公司为“敏捷地月空间运行示范火箭”（DRACO）项目主合同商，开展设计、制造和测试工作，标志 DRACO 项目自 2020 年启动以来，正式进入工程研制阶段。

1. DRACO 项目经数年筹备进入工程研制阶段

美国国防部 DARPA 于 2020 年 5 月公布《机构通告》启动 DRA-CO 项目，原定目标是在 2025 年开展核热推进装置的轨道飞行示范。DRACO 项目分三个阶段实现这一目标。

第一阶段启动于 2021 年 4 月，为期 18 个月，开展设计评估为工程开发做准备。主要内容包括两条并行路线，路线 A 是开展反应堆基线设计并进行基线设计评估，路线 B 是开展可满足运行任务目标的运行系统（OS）概念设计，以及聚焦推进子系统的示范系统（DS）概念设计，并提出技术开发方案。DARPA 选择了三家公司作为主合同商开展第一阶段工作，通用原子公司负责路线 A 的反应堆开发工作，蓝色起源和洛克希德马丁公司各自独立开展路线 B 的 OS 和 DS 航天器概

念设计。

针对第二、第三阶段，DARPA 在 2022 年 5 月公布《DRACO 项目第二阶段和第三阶段的机构声明》提出具体方案，将太空飞行示范时间推迟至 2026 财年，同时宣布提案征询，打算选定一家企业开展后续研制与示范。DARPA 还和 NASA 在 2023 年 1 月 24 日签署核热推进技术合作的机构间协议，由 NASA 负责航天器的核动力装置工作。

2022 年 7 月 26 日，DARPA 和美国国家航空航天局（NASA）联合宣布选择洛克希德马丁公司为主合同商签署总价为 4.99 亿美元的合同，标志 DRACO 项目进入第二阶段，工程研制阶段正式启动，同时宣布太空飞行示范时间再次推迟到 2027 年。洛克希德马丁公司将负责试验航天器（代号 X-NTRV）的设计、集成、试验。其他主要参与机构包括，巴威技术公司（BWX）负责反应堆的设计与制造，包括核燃料制造；NASA 太空技术任务部负责核动力发动机研制的总体管理与实施；能源部还负责提供高丰度低浓铀金属材料以及反应堆地面组装试验相关支持；美国太空军将负责发射与发射场址支持。

2. 后续工程进度安排

第二阶段和第三阶段将跨 39 个月，通过非核工程示范样机（EDU）冷态试验、发动机飞行样机地面试验、航天器环境试验等关键节点，最后实现核热推进航天器的发射和在轨示范。

第二阶段为工程研制阶段，持续 2 年，将完成示范系统（即航天器）详细设计，制造核热火箭的非核工程开发样机（EDU）和发动机飞行样机，并完成 EDU 冷态流体测试（包括结构、力学、振动负载测试等，涉及流体引发的堆芯振动、推进剂的泼洒晃动等）、发动机飞行样机组装和零功率试验等。发动机飞行样机由反应堆、喷嘴、控制器、推进剂泵阀管线等构成，零功率临界试验将在能源部内华达国家安全场址进行。

第三阶段为发射准备、发射与在轨试验，持续 15 个月，将完成液态氢推进剂贮存箱制造和测试，完成示范系统和发动机飞行样机的环境试验，包括发射过程中冲击、振动、负载条件下的试验，最后运送到发射场地，开展航天器发射和在轨示范，让核热火箭在轨道上达到满功率和满推力。飞行试验时间至少为 1 天，可长至 1 周以上，包括在轨道上进行一次零功率临界试验、发动机达到满功率并实现推进试验、发动机关闭、再次达到满功率、再次满推力运行等。示范系统具备充足的仪表能力来获得足够的科学数据。

3. 小结

美国国防部把发展太空能力放在“大国竞争”背景下，发挥核热推进技术在国防领域的用武之地，认为地月空间的高机动能力代表这一领域大国竞争的焦点。DRACO 项目文件要求核热火箭发动机具备追踪能力，要“在地月空间内实现远距离、时间紧迫的任务”。经过一段时间筹备，DRACO 项目的主要指标已经逐渐明确方向。根据多个来源的公开信息，核动力发动机将选择推力约 44 千牛方案，反应堆将采用高丰度低浓铀燃料，装置比冲 900 秒，运行温度可能超过 2 227 摄氏度，采用液态氢冷却。飞行试验时间则由最初提出的 2025 年推迟到 2027 年。

（中核战略规划研究总院
许春阳）

十五、美国月面反应堆电源计划进展

美国政府 2017 年 12 月正式确定载人登月计划后，拟定了开发月面反应堆电源的计划，以支持宇航员在月球表面的长期存在。2020 年 12 月《有关空间核电源与核推进的国家战略备忘录》（即《太空政策指令 6 号》）文件明确提出开展星体表面反应堆电源型号研制项目并在 2027 年进行月球表面示范的目标。美国国家航空航天局（NASA）2023 年初公布的预算报告显示，NASA 目前正投资开发一系列核燃料和材料以及能量转换技术。NASA 于 2024 年 2 月称，正在完成该项目的第一阶段设计工作。

1. 项目进展与后续安排

月面反应堆电源项目由 NASA 的太空技术任务部牵头并出资，参与研发的包括 NASA 和能源部下属研究机构以及一批私营企业，目前仍处在规划论证和关键技术攻关阶段。在各方开展论证、研发、规划之后，NASA 将选择私营企业签署合同完成地面样机和飞行样机的研制。

项目启动初期，NASA 和能源部在 2020 年首先完成了可行性研究，明确了月面反应堆电源的顶层关键需求。随后，NASA 和能源部开展研究提出电源系统的政府参考设计，同时开展技术成熟度评估，发现关键技术缺口并启动相关领域研发。另一方面，NASA 和能源部在 2020 年下半年先后发布《信息征询书》和《提案征询书草案》向私营企业收集方案意见；2021 年 11 月发布正式的《提案征询书》，列出需求指标，征询方案；2022 年选定 3 家合同商，签署 3 份为期一年的第一阶段系统设计合同，内容包括：地面样机和飞行样机翔实的工程设计、硬件开发计划以及相关设施和材料、费用和进度估算以及相关证明等，作为第二阶段工程研制的基础。

NASA 计划在 2024 年公布第二阶段《提案征询书》，选择私营企业签署合同开展系统开发，包括开展电源各项技术和子系统研发，完成地面样机设计、制造和地面试验，制造飞行样机并运输到发射场址，开发全套地面支持设备，支持安全分析与发射审批流程，支持着陆器集成并支持为期 1 年的月球表面示范运行等。地面样机和飞行样机硬件均将在 2028 年 12 月交付。

2. 系统设计和技术研发进展

需求指标。2021 年《提案征询书》明确的需求指标包括，寿期末电功率 40 千瓦，在月球环境下连续运行至少 10 年，能耐受发射和着陆的结构负荷，在月球表面 1 千米远处辐照不高于本底以上 5 雷姆每年。其他目标还包括，发射时折叠后可装入直径 4 米、长 6 米的圆柱体空间内，总质量不超过 6 吨，可多次自动启动/关闭，可支持 0～100％功率范围的用户负载，单点故障最小化并在发生故障后至少提供 5 千瓦电力输出，可在着陆器上运行或移动到其他地点运行等。

政府参考设计方案。能源部开展的“政府参考设计”研究是为后续规划和评估提供支撑的独立参考方案，不代表最终采纳的设计方案。2023 年提出的主要方案是 2 种热堆设计。一是热管斯特林转换方案，热功率 250 千瓦，石墨或 Be-BeO 金属陶瓷整块堆芯材料中钻孔装入碳-碳纤维包壳的氮化铀燃料、氢化钇慢化剂、54 根 2.5 米长钠热管，热管运行温度 827 摄氏度，外部为 BeO 和 Be 金属反射层，装入钨钼合金反应堆容器。二是气冷堆布雷顿转换方案，热功率 250 千瓦，出口温度 777 摄氏度，石墨或 Be-BeO 金属陶瓷整块堆芯材料中钻孔，装入内有冷却剂通道的氮化铀燃料棒、氢化钇慢化剂棒，316 不锈钢反应堆容器。此外还提出一种快堆设计，采用高丰度低浓铀的 UMo 燃料，26 根钠热管，热管运行温度 800 摄氏度。三是布署方案，整个电源系统随着陆器到达月球表面后，分三部分利用 6 轮增压月球车部署在不同位置。月球车第一次将反应堆与屏蔽、能量转换、辐射器部署到距离最终用户 1 千米的地点，第二次先将斯特林控制系统、高压升压电子器件等与反应堆相连后，再部署到距离反应堆 50 米地点，最后将高压电转直流电装置部署到距离反应堆 1 千米外的最终用户所在地点。

工业企业设计方案。2022 年签署合同的三个工业企业联盟各自采取了不同的设计方案。(1) 西屋公司和航空喷气洛克达因公司反应堆方案为，低浓铀氮化物燃料细棒、BeO 六棱柱块的水平向热中子堆，热管传热和闭合布雷顿循环能量转换。(2) 洛克希德马丁公司和巴威技术公司的反应堆方案为，二氧化铀燃料元件和一整块的 BeO 慢化体热中子堆，氦氙冷却剂一次通过设计，直接气体布雷顿循环能量转换。(3) 直觉机器公司与 X 能源公司（与 Maxar 及波音公司合作）方案为，TRISO-X 燃料板型燃料、多层氢化钇固体慢化体热中子堆、斯特林能量转换。

技术成熟度评估与关键技术缺口。NASA 和能源部对各种设计概念进行评估，得出了技术成熟度以及关键技术缺口。评估认为，高丰度低浓铀的热堆方案需要开展技术开发和原型示范工作，系统质量也存在较大风险。成熟度需提高的关键技术包括：斯特林转换器及其控制器、布雷顿能量转换系统、高电压电子器件、慢化体材料、屏蔽、辐射加固的电子器件、反应堆仪表控制等。针对技术缺口的研发工作已经启动，能源部重点开发金属氢化物慢化剂材料、慢化材料中子学数据、轻量型屏蔽、高可靠的控制与状态监测系统等，NASA 开发电力管理与配电装置、热管-斯特林转换器集成、简化斯特林控制器等，NASA 还投资支持了一批小企业启动了高温热排放、热管与堆芯接合、布雷顿转换等技术开发。

3. 小结

美国月面反应堆电源列入 2020 年政策文件《有关空间核电源与核推进的国家战略备忘录》，将为月球表面基地以及资源利用提供能源支持。反应堆电源经过月球表面示范，将进一步拓展能力，一是发展火星表面反应堆电源为火星表面活动提供能源，二是发展航天器核电推进，为载人和无人深空任务提供强有力支持。

（中核战略规划研究总院
许春阳）

十六、俄罗斯核动力无人潜航器研制取得新进展

2023年1月，俄罗斯媒体报道称，“别尔哥罗德”号特种核潜艇完成了一系列“波塞冬”核动力无人潜航器模型投掷试验。这是“别尔哥罗德”号潜艇正式服役以来的首次潜艇-潜航器结合试验，旨在测试母艇发射系统的运行情况以及在不同潜深发射“波塞冬”的流体力学等行为表现。“波塞冬”是俄罗斯实施非对称战略、反制美国全球反导体系的创新型战略装备之一，它的研发进展深受国际社会关注。

1. 研发进展

俄罗斯“波塞冬”核动力无人潜航器项目开始于20世纪末，其设计构思源于苏联时期的多个装备研制项目，特别是20世纪80年代马克耶夫设计局（原苏联马克耶夫国家导弹中心）开发水下无人自主潜航器的“西塞亚”（Skif）项目。2015年9月，美国《华盛顿自由灯塔》媒体首次披露了“峡谷”（Kanyon）的研发动向；同年11月，俄罗斯主要电视频道在报道总统普京参加军事能力发展研讨会时泄漏出“‘状态’（Status）-6海洋多用途系统”的设计图画面，引发国际社会广泛关注。2018年3月，俄罗斯总统普京在国情咨文中高调公布了包括核动力鱼雷在内的6款新型战略武器装备，此后不久，俄罗斯国防部正式将其命名为“波塞冬”（或译“海神”）。

“波塞冬”已列入《2018—2027 年俄罗斯国家军备计划》。俄罗斯海军计划部署 32 具“波塞冬”用于战备值班，预计 2027 年开始随母艇服役。俄罗斯为其改造或设计了多型母艇，包括：1 艘“别尔哥罗德”号（项目 09852）和 4 艘“哈巴罗夫斯克”级（项目 09851 及其改进型）特种核潜艇，根据不同消息来源，每艘可运载 6 或 8 具“波塞冬”。此外，还有 1 艘“萨罗夫”号特种潜艇作为试验艇，该艇装备了辅助核动力装置。其中，“别尔哥罗德”号核潜艇由一艘苏联时期未完工的“奥斯卡”-Ⅱ级巡航导弹核潜艇（949A 型）改造而成，已于 2022 年 7 月正式服役；“哈巴罗夫斯克”级核潜艇首艇“哈巴罗夫斯克”号下水日期推迟，第二艘改进型“乌里扬诺夫斯克”号已开工建造。

根据相关公开信息来看，“波塞冬”目前正处于全面试验初步阶段，可能未完全定型。未来几年，“波塞冬”将以“别尔哥罗德”号潜艇为试验平台，开展一系列测试。分析认为，“波塞冬”是一型“多用途”水下系统，“别尔哥罗德”号潜艇可能仅作为试验母艇或常规多用途水下特种作业用途；作为战略武器装备进行战备值班时，“波塞冬”将由体型更小、性能更先进的“哈巴罗夫斯克”级核潜艇运载和部署。

2. 构成与机理

“波塞冬”核动力无人潜航器的部分设计理念继承自苏联 20 世纪 40 年代末曾提出的 T-15 超重型核鱼雷概念以及 80 年代的“西塞亚”无人潜航器项目，又借鉴了俄罗斯近年来发展的“大键琴”-1R/2R 等大尺度无人潜航器技术，是水下紧凑型核动力装置与潜航器技术的结合。据俄罗斯媒体报道，“波塞冬”具有大潜深、超高速、超长航时和高隐蔽性的性能特点；采用紧凑型、启动快和超高能量密度的核动力装置，推动力持久充足；载荷舱段空间充裕，既可搭载核战斗部也能搭载常规战斗部。

(1) 系统构成

“波塞冬”长约 24 米、直径约 1.6 米，结构设计紧凑，主要构成包括核与常规战斗部，制导、导航和控制系统，核反应堆动力装置，推进装置等。

(2) 技术特征

一是采用小型特种核动力，航程长、速度快。俄罗斯总统普京 2018 年称，“波塞冬”可实现洲际航程，采用的紧凑型核动力系统尺寸小，比功率极高，其体积不到俄罗斯现代核潜艇的 1%，且功率提升速度快，切换到最大功率的速率比核潜艇快 200 倍。根据 2015 年“泄露”的设计图推算其直径不超过 1.6 米，长约 5 米，而俄罗斯现代核潜艇的压水堆核动力装置直径不超过 10 米，高度约 12 米。据此，西方媒体和专家分析“波塞冬”的热功率超过 100 兆瓦，航速可达 60～70 节（约 110～130 千米/小时）。

关于“波塞冬”核反应堆的报道很少。一些报道认为是气冷快堆，其他则认为是液态金属冷却快堆。俄罗斯气冷快堆和液态金属冷却快堆技术都具备一定基础。其中，气冷快堆方案可以利用高温氦气等气体直接驱动布雷顿循环涡轮机，系统简单、体积小、重量轻，便于维护；液态金属冷却快堆方案可采用铅铋合金等为冷却剂，同气冷快堆方案相比，多出 1 个液态金属回路及相关辅助系统（例如，冷却剂保温系统等），但系统设计的功率密度可更高、运行温度可更低，冷却剂回路噪声更小。

二是采用先进设计和材料，潜深大、隐身性能好。“波塞冬”可能采用钛合金等高强度耐压材质壳体和特殊结构设计，号称可以在极深的深度航行，其潜深可能达 1000 米，远超美俄主战潜艇可达到的最大 600 米潜深。采用喷水式推进器、较大的摆式舵，水流绕流噪声低，推进用螺旋桨的设计特殊。俄罗斯公布测试视频时特意对螺旋桨做了保密模糊化处理。据俄水声专家推算，“波塞冬”在 30 节（约 55 千米/小时）航速时，被声呐探测到的距离小于 2～3 千米，突破美国海底固定式声响监视系统时被探测到的概率不超过 5%～15%。

三是采用先进导航、指控通信系统，实现较高定位精度。“波塞冬”长航时水下自主航行，须具备先进的探测、导航、指控通信等能力。西方专家判断，“波塞冬”综合了惯性导航、3D 防撞声呐和海底地形匹配导航等技术，具有较高水下定位精度。目前，俄罗斯比较成熟的组合导航系统主要有捷联惯性导航系统和多普勒速度声呐系统的组合导航系统，及其与“格洛纳斯”卫星导航的组合导航系统。

3. 作战模式

“波塞冬”核动力无人潜航器在作战使用上具有多方面的优势。首先，它的潜深更大；其次，它的排水量远小于核潜艇，因此其目标特征更小，隐身性能突出，机动能力极强；另外，通过智能化、自主化设计，发射后潜航器无需载人操控，它的持续力、单位体积有效载荷量极高。然而，作为水下装备，“波塞冬”存在着天然的劣势。首先，它的航行速度远低于导弹，从发射到抵达攻击目标可能需要数天时间；其次，水下远程通信问题无法克服，将遭受海潮噪声及海水屏蔽等干扰，不利于指挥控制指令的传递与接收；另外，水下长航程时，它的惯性导航将累计较高的误差水平，或需上浮接收“格洛纳斯”卫星导航系统的信号修正，增加了被探测发现的风险。综合考虑，“波塞冬”可作为一艘大、中型无人潜航器，承载常规武器或其他任务负荷，突出优点是机动能力强，航程、航时极高，结合母艇运载投掷，可在全球全天候长周期隐蔽布控，实施特种作业；此外，尽管“波塞冬”不适合作为先发战略核打击手段，但可作为一种全新的水下突防和战略威慑手段，有效补充二次核反击效能，又称“末日武器”或战略威慑的“双保险”。

（1）水下特种作业

“波塞冬”作为一艘大、中型自主式无人潜航器，承载常规武器或其他任务负荷时，可凭借机动能力强、潜深大、长航时、远航程等其他常规动力潜航器所不具备的突出优点，随母艇执行深海探测、水下军事设施的建设与维护、水下搭线及窃听、屏蔽及干扰北约水下侦察网络、海底设备打捞等特种军事任务。

（2）水下攻防作战

水下作战时，“波塞冬”可作为诱饵吸引敌方火力，掩护俄海军主力作战潜艇；还可直接携带鱼雷、导弹或深水炸弹等武器从水下对敌航母、舰船、潜艇等目标进行攻击，以深水部署实现占位优势，以深制浅、以深制面甚至以深制空提升杀伤效能，攻击过程隐蔽且突然，敌方兵力很难有效探测和防御。例如，在面对美国航母战斗群时，“波塞冬”可利用自身良好的静音性能，深水潜航，逐步逼近敌航母舰队外、中、内防御圈，占据有利的战斗阵位，利用鱼雷、导弹等战斗载荷，响应迅速，出其不意对目标进行有效打击。

（3）战略核反击

作为新型战略核武器，“波塞冬”最可能的作战模式如下：核战争爆发后，通过特种核潜艇运载至指定安全区域进行发射；结合惯性导航和海底地形匹配导航等，潜航至敌方沿海重要城市港口或海军基地等目标周围海域；经过位置修正，加速抵达打击目标，并引爆所搭载的、最高200万吨TNT当量的核弹头。曾有报道称“波塞冬”的核弹头可以被装在钴容器内，爆炸时，钴-60感生放射性沉降物将污染大片地区，从而“摧毁敌人沿海地区的重要经济设施，造成大面积放射性

污染，确保给该国领土造成毁灭性破坏，使这些设施长时间内无法用于军事、经济和其他活动”。

4. 小结

俄罗斯研发“波塞冬”核动力无人潜航器的主要战略考虑和推动力包括对冲美国全球反导优势、发展无人自主装备和巩固自身北极战略优势等。“波塞冬”首次实现了核动力与核战斗部的结合，凭借“无与伦比”的突防形式和能力，可在一定程度上对冲美国全球反导优势，提高俄罗斯战略核力量的有效性和威慑的可信性。但受限于作战模式和数量规模，“波塞冬”宜作为战略威慑力量的有效补充。

（中核战略规划研究总院
赵　松）

十七、俄罗斯推动新一代核动力破冰船批量建造

俄罗斯全长 5 600 千米的北海航线在 2023 年全年货运量创下新纪录，截至 2023 年 12 月 21 日已达 3 500 万吨，突破了此前 2021 年 3 410 万吨记录。核动力破冰船发挥了巨大作用，2023 年全年开展了 730 多次支持服务。俄罗斯新一代“北极”级破冰船已建成运行 3 艘。俄罗斯政府 2023 年 2 月 27 日公布的新版北极战略文件显示，俄罗斯将把新一代“北极”级破冰船计划建造数量从原计划 5 艘增加到“不少于 7 艘”，破冰能力更强的首艘“领袖”级破冰船也将在 2035 年前建成。2023 年 2 月，波罗的海造船厂签署建造第 6 艘和第 7 艘“北极”级核动力破冰船合同，二者计划分别于 2028 年和 2030 年服役。

1. 新型破冰船反应堆主要特征

“北极”级破冰船核动力装置 RITM-200 首次在 2020 年投入运行。RITM-200 相比前几代破冰船反应堆，首次采用了一体化布置方案，有 4 台主泵和 4 台蒸汽发生器，单堆功率 175 兆瓦。一艘“北极”级破冰船装备 2 座反应堆。RITM-200 的一体化布置结构方案是将堆芯、直管直流蒸汽发生器、堆内设备和一回路循环泵都布置在一体化压力容器内。RITM-200 核燃料为新型盒式燃料组件，金属间化合物燃料成分、42KhNM 铬镍合金包壳材料，平均富集度 46.7%。堆芯高度

1 200 毫米的堆芯能量为 4.5 TW·h，服役寿命 7.5 万小时，比现有破冰船的堆芯提高一倍以上，可保证一炉料达到 10～12 年的服役寿命。RITM-200 达到高度安全性。其应急冷却系统包括 2 条非能动通道和 1 条能动通道，可实现反应堆装置在初始功率水平下得到 14 小时的持续冷却。

“领袖”级破冰船轴功率从“北极”级的 60 兆瓦增加到 120 兆瓦，可实现北海航线全年通航。其核动力装置 RITM-400 是在 RITM-200 基础上发展而来的，在保持一体化布置基础上，单堆功率从 175 兆瓦大幅增加到 315 兆瓦，蒸汽发生器数量从 4 台增加到 6 台，蒸汽发生装置和设备的尺寸加大，各设备功率也增加。RITM-400 的堆芯未采取 RITM-200 的新型盒式燃料组件，而是采取了传统的通道式堆芯的方案，使反应堆与一回路重量尺寸减小，控制保护系统驱动机构的数量减少。RITM-400 的应急冷却系统有 2 条非能动冷却通道、2 条能动冷却通道，增加了空气热交换器，在水箱中水耗尽后仍可继续排出热量。

2. 核动力技术创新分析

布置方案与设备。RITM-200 首次采用一体化布置，大幅减少了一回路管道和设备，使 RITIM-200 在与第二代、第三代相比堆功率持平的情况下，减少了核动力装置总的尺寸重量从而降低了制造成本，并可实现铁路运输；通过一体化布置实现了高水平自然循环和主泵功率降低、流速提高，从而提高核动力设备可靠性；其方案还具有较高的维修性。

堆芯技术。RITM-200 在保持堆功率与第二代、第三代核动力相当水平下，采用第三代燃料元件构成新型盒式堆芯，加大了堆芯尺度，降低了功率密度，同时提升抗腐蚀性和水化学稳定性，实现了换料周期从上一代 KLT-40 的最长 4 年大幅提升到最长 12 年。RITM-200 还首次将 42KhNM（42CrNiMo）新型铬镍合金作为核燃料包壳。42KhNM 合金含铬重量比 42%、钼重量比 1.5%，其余为镍，其较传统材料显示出在反应堆辐照环境下具有突出的耐腐蚀性、力学特性、密封性、耐事故等性能优势，使反应堆换料周期大幅延长成为可能。新型合金应用前景广泛，继 RITM-200，还将用于 RITM-400 破冰船反应堆、SHELF-M 小型反应堆、浮动核电站、VVER 等燃料包壳。

核安全技术。俄罗斯第二代破冰船核动力 OK-900A 重点改进设备提升可靠性，第三代 KLT-40 具备了改进型安全壳、一回路防过压保护、事故下安全壳注水等安全特征。第四代核动力装置全面发展了能动和非能动安全特征，通过配备应急冷却系统，达到了高度安全性。RITM-200 的非能动应急冷却系统利用冷却水箱，可在应急情况下维持 14 小时持续冷却。RITM-400 的非能动应急冷却系统又增加了空气热交换器，水箱水耗尽后可继续借助空气进行余热排出，在任何功率水平下都可实现无限期持续冷却。

3. 小结

俄罗斯发展和应用破冰船核动力已有半个多世纪历史。近年来，随着多艘老旧核动力破冰船退役，俄罗斯正加快进度，建造新的核动力破冰船，保持并扩大北海航线的通航范围。从发展历程来看，俄罗斯破冰船核动力继承性强，创新性也很强，通过应用新技术提升核动力装置经济性和安全性。第四代 RITM-200 型核动力装置的创新性进展包括首次采用了一体化布置、采用新型燃料包壳材料等，提升了运行可靠性和经济性。此基础上研制的 RITM-400 具备更大功率，并进一步提升了安全性。

（中核战略规划研究总院
许春阳、蔡　莉）

十八、澳大利亚宣布将成立核潜艇专门机构全力推动建立本土核潜艇能力

2023 年 5 月 6 日，澳大利亚国防部宣布将设立澳大利亚核潜艇局和核潜艇安全监管机构。两个机构将成为澳大利亚国防体系的一部分，并直接向国防部长报告。专门成立管理机构和监管机构标志着美英澳三国正按照既定路线全面推动核潜艇研制和建造。

1. 澳大利亚发展核潜艇的计划概述

继 2021 年 9 月美英澳三方宣布建立 AUKUS 三边安全联盟以来，澳大利亚国防部 2023 年 3 月公布历时 18 个月拟定的《AUKUS 核动力潜艇路线报告》。报告显示，澳大利亚将采用“先购买再建造”的分阶段方案获得核潜艇。首先，澳大利亚将采购 3～5 艘“弗吉尼亚”级攻击型核潜艇（SSN），首艇预计在 21 世纪 30 年代初交付。下一阶段，澳大利亚将在南澳大利亚州建造代号为 SSN-AUKUS 的核潜艇，该潜艇由美英澳合力开发，纳入三国技术，首艇预计在 21 世纪 40 年代初交付。

澳大利亚将建立潜艇平台、相关的基础设施、工业基础、技术基础以及有资质的军方和非军方人才队伍。在潜艇技术方面，SSN-AUKUS 基于英国下一代核潜艇设计，吸纳美国核潜艇的先进推进技

术和武器装备等，在设计、部件和性能上具有通用性，推动澳大利亚采购的“弗吉尼亚”级攻击型核潜艇向本土建造的 SSN-AUKUS 过渡，并强化三国核潜艇的操作通用性。在核潜艇动力堆和核燃料方面，澳大利亚不发展本土反应堆和核燃料，由美英提供完整、焊封且全寿期无需换料的核动力装置。在管理能力方面，澳大利亚在 21 世纪 30 年代初需达到“完全独立准备状态”，即具备安全拥有、运行、维护、监管核潜艇的军事能力。

2. 澳大利亚专门设立的核潜艇机构有关情况

为推动达到“完全独立准备状态”，澳大利亚将组建核潜艇局和核潜艇安全监管机构，建立一套全面覆盖核潜艇的监管体系。

核潜艇局全面负责管理和监督澳大利亚的核潜艇计划，隶属于国防部，直接向国防部长报告，负责核潜艇全生命周期的全过程管理，包括采购、交付、建设、技术管理、维护和处置等。2021 年 9 月美英澳宣布成立 AUKUS 计划后，澳大利亚专门设立核动力潜艇工作组暂负责管理核潜艇计划，由澳大利亚一名海军中将领导，有 350 多名工作人员。2023 年 3 月制定核动力潜艇路线图后，澳大利亚又专门成立核潜艇局全面负责核潜艇计划。

核潜艇安全监管机构独立于澳大利亚国防部，但直接向国防部长报告，负责核潜艇全生命周期内核安全和辐射防护的监管。目前，澳大利亚辐射防护与核安全局是核安全方面的主要监管机构，负责民用核与放射性活动监管。新成立的核潜艇安全监管机构将与现有监管机构合作，支持潜艇安全、环境安全。

3. 小结

澳大利亚正着手全面发展核潜艇能力。2021 年公布 AUKUS 计划

以来，澳大利亚已向英美派驻海军人员接受核潜艇相关培训，并启动与国际原子能机构的相关保障监督协商。接下来，澳大利亚将在国防体系内陆续建立核潜艇管理机构和安全监管机构，在海军基地建立核潜艇维护保障能力，在造船厂建立核潜艇生产能力和工作队伍，全力推进本土核潜艇建造、运行、维护、监管能力发展。

（中核战略规划研究总院
李光升、许春阳、金　花）

十九、新材料机理有望推动太空放射性同位素电源性能大幅提升

美国研制和使用空间放射性同位素电源已有超过60年历史，目前正支撑美国国家航空航天局（NASA）多个深空探索项目。近年来，随着一批商业企业活跃开发放射性同位素电源技术，美国国防部多个创新技术研发项目借助私营企业开展电源研制和示范，提出大幅提升功率密度的研制方向，获得速度、动力、响应能力，保持太空领域的作战优势。

其他国家太空放射性同位素电源研制应用也日益活跃。英国航天局和英国国家核实验室2022年12月宣布合作开发镅-241空间同位素电池。印度2023年7月发射的“月船”3号航天器的绕月飞行推进模块携带了2个功率各1瓦的放射性同位素热源。2021年，印度空间研究组织（ISRO）还曾发布开发100瓦放射性同位素电源的提案征集，目前正和巴巴原子中心合作研制5瓦放射性同位素电源，可能使用钚-238、锶-90、锔-244等作为热源材料。俄罗斯科学家还在2020年提出利用两座钠冷快堆，以具有竞争力的价格，每年可生产达100千克钚-238的方案。

1. 持续推进重点项目，支持下一阶段深空探测

美国 NASA 现已是全球放射性同位素电源研制和使用数量最多的机构。近期携带放射性同位素电源的航天器包括先后在 2012 年和 2021 年登陆火星的“好奇”号和“毅力”号漫游车，即将在 2027 年发射的“蜻蜓”土卫六旋翼飞行器等。根据深空探测的新版指南文件《行星科学与天体生物学十年调查（2023—2032）》等最新规划文件，NASA 未来 10 年内可能发射的土卫二、天王星、月球表面等探测器有可能继续使用放射性同位素电源。

NASA 专设了放射性同位素电源（RPS）项目开展新型电源开发并支持能源部开展钚-238 生产。该项目 2024 财年计划投资 1.755 亿美元，主要工作包括，由航空喷气洛克达因公司研制“下一代放射性同位素电源”（NGRTG），将在 2024 年交付首台样机；继续提升能源部生产钚-238 材料能力，通过工艺改进和自动化，到 2026 年达到每年 1.5 千克的生产能力；支持能源部生产轻量放射性同位素热源（LWRHU），用于“蜻蜓”和其他未来太空任务；持续开展多种能量转换技术研发，特别是斯特林等动态能量转换技术，提升发展潜力。

2. 选择其他同位素材料替代钚-238

虽然钚-238 从性能来说对于空间放射性同位素电源应用最有吸引力，但只有少数核大国有能力生产。没有镎-237 原料的国家和企业无法生产，即便有原料，也存在工艺、成本、监管等挑战。因此一些国家的科研机构和私营企业寻求适合自身情况的替代性热源材料。

英国国家核实验室和欧空局将镅-241 作为最经济合理的探索方向，开展了镅-241 同位素分离以及同位素热源和电源开发。英国民用核电乏燃料后处理分离的钚经过几十年的贮存，其中的钚-241 通过贝塔衰

变转化为锔-241。印度巴巴原子研究中心将锶-90、锔-244 作为替代材料。

美国超安全核公司（USNC）的 EmberCore 电源设计分别在 2022 年和 2023 年获得美国国防部国防创新机构（DIU）和 NASA 的合同。该方案是先用稳定同位素制成模块，模块在反应堆照射“充能”，就成为放射性同位素热源模块。候选的稳定同位素包括锂-6、铥-169、钴-59、铕-151 和铕-153，在反应堆照射后分别转变为氚（半衰期 12.3 年）、铥-170（半衰期 29 天）、钴-60（半衰期 5.7 年）、铕-152 和铕-154（半衰期平均 11 年）。美国另一家公司 Zeno Power 在 2023 年 5 月获得美国空军合同，将开发锶同位素电源，为美国空军的卫星系统提供电力，计划 2025 年发射。

3. 提升静态热电转换性能，推动动态热电转换应用

决定放射性同位素电源性能的核心技术是将衰变能转化为电力的能量转换技术。太空领域成熟应用的是半导体静态热电转换，各种碲化物和硅锗半导体材料利用塞贝克效应将热量转换为电力，效率不超过 10%，最高可满足数百瓦级的电功率需求。这方面的活跃趋势是开发转换效率高、性能衰减慢的新型材料和技术。如 NASA 前些年曾计划利用方钴矿（SKD）和津特尔（zintl）相材料开发一种新型电源 eMMRTG，其转换效率比现有水平提高 25%，但该项目因技术成熟度不足未能落实。另一实例是兰利研究中心提出的用镍铬合金（90% Ni-10%Cr）-铜镍合金（55%Cu-45%Ni）取代半导体材料制造塞贝克效应转换单元，仿真表明效率可达到 20%～30%。

美国多年来还开展了斯特林和布雷顿两类动态能量转换技术研发，转换效率最高可达到 39%，多台样机实验室连续运行超过 16 年，技术成熟度达到 5～6 级，成为新型电源开发的备选方案。

4. 探索新材料和新机理，大幅提升辐射伏特转换性能

辐射伏特转换机理不同于前述热电转换，是利用半导体材料构成PN结直接将射线转换为电流，已经用于制造纳瓦、微瓦级的同位素微电池。美国20世纪70年代曾开发钷-147电池用于心脏起搏器，目前一些国外公司企业研制了氚电池。这种转换技术的效率不超过4%，仅采用氚、钷-147、镍-63等贝塔粒子能量偏低的核素来避免半导体材料辐射损伤，电源功率很低，距离太空电源需求有较大差距。

近年来，各国科研机构活跃探索大量新概念新思路，一些新概念甚至设想将放射性同位素电源的输出功率提升到千瓦级以上，从而代替空间反应堆实现小规模的核推进。

一是将传统平面层状设计构型改为各种三维立体结构，克服空间局限，提高转换效率。如美国劳伦斯·利弗莫尔国家实验室开发了将碳化硅小柱包裹在钷-147内部的3D设计。

二是利用闪烁体将辐射能转换为光子，再用光伏装置转换为电力，通过匹配闪烁体和光伏装置的响应光谱，实现高于贝塔伏特直接转换的转换效率，如美国劳伦斯·利弗莫尔国家实验室的多晶固态透明陶瓷光电池、氚气体等多种设计方案转换效率可达到10%～40%，印度巴巴原子研究中心也提出了钌-106同位素铈掺杂GGAG（钆镓铝氧）单晶闪烁体材料结合半导体材料电池设计。

三是开创全新机理，性能提升多个数量级。如NASA兰利研究中心近期提出“核热离子雪崩电池”概念，利用钴-60或钠-22等高能量伽马源与铼等高原子序数材料发生光致电离产生高能量自由电子，进而在光电效应、康普顿效应、俄歇电子发射、正负电子湮灭、韧致辐射、湮灭诱导辐射等各种效应下发生二次、三次相互作用，展现雪崩模式，产生数量庞大的自由电子，设计的电池最高可达到兆瓦级的输

出功率。又如美国大学研究的InAsSb或InPSb的热辐射电池（TRC），比功率提高10倍。美国洛斯阿拉莫斯国家实验室也曾提出利用纳米材料制造出精细电容结构将射线能量转换为电力。

5. 小结

近年来国外放射性同位素电源研发活跃，各类科研机构和私营企业都有新研发动向。一方面是探索替代性放射性同位素作为热源材料，解决“无米之炊”问题。另一方面发展各类将衰变能转换为电力的新技术、新材料、新原理，将电源性能提升到现有水平以上，满足各类应用场景对尺寸、功率、寿命的需要，特别是着眼拓展放射性同位素电源的性能空间，为太空领域应用提供更有力支持。此外，当前成熟技术基于半导体热电转换，虽具有可靠性、稳定性、长寿命等优势，也限制了电源性能空间范围。各国科研机构活跃探索的大量新原理、新材料、新概念，虽然成熟度低、研发风险高，但有望突破传统性能空间。

（中核战略规划研究总院
许春阳）

核能政策与产业

二十、美国政府主导加紧推进抢占小堆全球市场

2023年12月5日，在《联合国气候变化框架公约》第28次缔约方大会上，美国联合法国和经合组织核能机构提出《加速模块化小堆部署促进净零排放》倡议，以整合全球技术、金融及政策资源，推进小堆发展。该倡议旨在为美国推出的一系列小堆合作发展计划争取更多的全球资源和支持，通过全面开展技术交流、融资、供应链、人才培养等合作方式争取未来小堆市场主导权，体现其在全球加紧布局模块化小堆的战略意图，相关动态值得密切关注。

1. 美国持续推进一系列小堆全球合作计划

美国自2021年推出模块化小堆全球化发展的顶层计划以来，2022年底至今，连续三次在国际大会上发布政府主导的小堆全球化计划和倡议，体现了美国政府对依靠小堆重新引领全球核能发展的高度重视。

(1) FIRST 计划

2021年4月27日，美国宣布正式启动“负责任使用小型模块化反应堆技术的基础设施计划”，即FIRST计划。FIRST计划基于美国在核能方面的基础研发与创新能力，为全球伙伴国家提供能力建设支持，助其实现符合核安全、核安保和核不扩散最高国际标准的清洁能

源目标。

FIRST 计划旨在通过推进模块化小堆全球合作深化美国与伙伴国家的战略联系。该计划的参与层级高，覆盖面广，参与单位包括美国国务院、美国核管理委员会、美国核能研究所、美国核协会、美国国家实验室等政府、非政府、工业、学术组织。合作途径包括为伙伴国家提供技术、培训、建设等方面的核技术支持，依托模块化小堆的部署深化核能合作，帮助伙伴国家实现能源转型，促进全球脱碳目标。

（2）凤凰计划

2022 年 11 月 12 日，在《联合国气候变化框架公约》第 27 次缔约方大会上，美国总统气候特使约翰·克里发布了凤凰计划（Project Phoenix）。凤凰计划是 FIRST 的子计划，旨在通过支持可行性研究和提供技术援助将燃煤电厂改造成模块化小堆电厂，加速清洁能源转型。

凤凰计划已在中欧和东欧取得初步进展。2023 年 9 月，第一轮伙伴招募工作已经完成，来自捷克、斯洛伐克和波兰的项目提案被选中参加凤凰计划，并将获得燃煤-模块化小堆转型的可行性研究支持。2023 年 11 月，美国国务院和斯洛伐克政府在布拉迪斯拉发共同主办凤凰计划研讨会和启动仪式，来自欧洲和欧亚地区超过 15 个国家参与了项目活动。

（3）NEXT 计划

2023 年 9 月 7 日，美国在“三海倡议峰会”上宣布，将启动核能加速能源转型计划（Nuclear Expediting the Energy Transition），即 NEXT 计划。该计划也是 FIRST 的子计划，该计划提出为欧洲及欧亚大陆国家提供一站式的模块化小堆建设支持服务。

NEXT 计划从国家政策层面进一步深化落实了美国推进模块化小堆全球化的具体措施。计划包括提供面对面的技术、财务和监管咨询和顾问服务；组织参观美国核设施、国家实验室和大学的专家考察团；

加强大学间的课程开发、教师和研究生及其他教育交流伙伴关系，以支持下一代核工程师、操作员和技术人员的培养，并优先考虑核安保、核安全和核不扩散的最高国际标准。

(4)《加速模块化小堆部署促进净零排放》倡议

2023 年 12 月 5 日，美国在 COP28 大会上与法国和经合组织核能机构联合发布该倡议，旨在建立由全球政府、行业、研究和监管领域专家及领导者组成的平台网络，制定工作计划，以加快安全、高效和经济的模块化小堆研发部署和运行，助力各国实现净零排放目标。

该倡议全面覆盖小堆商业化的各个环节。包括获取许可证、融资、供应链、人才培养、燃料供应和乏燃料管理等，侧重于实用工具、经济分析和政策建议，将支撑政府、行业和金融部门的政策制定和投资决策。

2. 美国小堆计划全球合作进展

(1) 合作项目签订情况

截至 2023 年 11 月，美国已通过 FIRST 计划与欧洲、亚洲、非洲的 19 个国家建立伙伴关系，其中技术支持伙伴关系成员为日本、韩国；双边合作伙伴关系成员为爱沙尼亚、拉脱维亚、乌克兰、罗马尼亚、塞尔维亚、捷克、斯洛伐克、波兰、哈萨克斯坦、加纳、肯尼亚、卢旺达、泰国、印度尼西亚、菲律宾；地区合作伙伴关系成员为南非、马来西亚。

2023 年 2 月 27 日，捷克 CEZ 电力公司发布声明称，公司已初步选定了两处厂址，用于在 21 世纪 30 年代后期建设第二、三座模块化小堆核电厂。最新确定的两处厂址原建有燃煤电厂，分别是摩拉维亚地区东部的 Detmarovice 和波希米亚北部的 Tusimice。捷克首座小堆电厂选址于泰梅林核电厂，最早拟于 2032 年投运。目前 CEZ 已经与美国通用电气日立核能公司、美国 NuScale 电力公司、法国电力集团等公司签署小堆合作备忘录，该项目获得 FIRST 计划支持。

2023 年 4 月 6 日，美国贸易与发展署向印度尼西亚提供了一笔资金，用于为该国部署首个模块化小堆提供技术支持。该项目获得 FIRST 计划支持，但并未说明资助金额。同月，波兰公司 Orlen Synthos Green Energy（OSGE）表示，将使用其在“凤凰计划”下获得的资金来研究 Ostrołęka 的厂址。Ostrołęka 是 OSGE 今年早些时候选定的七个厂址之一，后续将进一步开展地质调查，以容纳基于通用日立核能公司 BWRX-300 的小堆核电厂。OSGE 和两家美国政府金融机构签署了一项在波兰部署模块化小堆的贷款协议，预计提供 40 亿美元贷款。

2023 年 6 月，斯洛伐克经济部和 Slovenské elektrárne 公司与能源领域的一系列合作伙伴签署了一份合作备忘录，以支持斯洛伐克模块化小堆的发展，包括计划向凤凰计划申请约 216 万美元的资助。

2023 年 9 月 18 日，美国国际安全和防扩散事务的首席副助理国务卿安·甘泽在非洲民用核能发展区域会议中宣布，将投入 175 万美元，将加纳建设成为撒哈拉以南非洲地区的模块化小堆地区培训中心和英才中心。该项目也获得了 FIRST 计划的资金支持。

（2）项目预期成果和影响

模块化小堆应用前景广泛，不仅能够保证足够的清洁能源供应，助力节能减排的脱碳目标，还可以为供暖、制氢、海水淡化等设施提供能源，实现多用途的需求。在社会经济方面，小堆由于其总体投资较低，与大型电厂相比部署更为灵活，适用于更多发展中国家，可带动地区技术水平的提升、提供就业增长机会、为区域经济增长提供动力。

美国在短期内连续出台多项支持小堆全球化发展的计划和倡议，

并积极促进全球合作项目的签订和落地，旨在通过深度、创新的模块化小堆合作，抢占市场先机，扩大美国在世界核能领域的影响力，进一步与俄罗斯和中国在核能出口方面开展竞争，强化美国地缘政治地位。

3. 小结

小堆的总体造价低，与小型电网适配性高，市场需求面广，通过批量化生产等方式，未来有望提升经济性和投资吸引力。当前，核能国际市场竞争日趋激烈，美国从国家层面大力推动模块化小堆全球化产业化发展，其影响力和竞争力不容忽视。美国在政府统筹支持下推动模块化小堆“走出去”成效显著，虽然首堆尚未建成，但已和多国签订小堆项目合作的协议或谅解备忘录，开展前期技术交流及人才培训等合作，并由美国国务院和进出口银行牵头提供一整套金融工具，涉及从参与项目竞标到最终完成建设的所有阶段，为更多有意向发展核能的发展中国家提供了强大的融资支持。

（中核战略规划研究总院

王　墨、罗凯文、赵　宏）

二十一、美国发布《国家清洁氢战略和路线图》大力推动核能制氢

2023 年 6 月，美国能源部发布《国家清洁氢战略和路线图》报告（以下简称“报告”），提出加快清洁氢生产、加工、交付、储存及使用全过程的技术研发及应用示范，助力实现 2035 年电网脱碳、2050 年净零排放目标。报告将核能制氢列为清洁氢生产的重要环节，有望推动美国核能制氢技术及产业发展。

1. 报告概述

清洁氢指通过低碳或无碳方式生产的氢。氢能是一种绿色、应用广泛的二次能源，可作为化工原料、汽车燃料使用，未来还有潜力作为可再生能源的储能载体，以及清洁发电技术（如核电）的新收入来源。报告分析了美国清洁氢发展的需求与挑战，提出了三项清洁氢优先发展战略以及三方面的行动计划。

需求与挑战方面，报告预测，随着交通、工业、电力等行业脱碳需求的增长，美国对清洁氢的需求到 2030 年将达 1 000 万吨（相当于目前美国的氢气年产量），到 2040 年将达 2 000 万吨，到 2050 年将达 5 000 万吨。当前制约清洁氢发展的主要因素包括：缺乏氢气分配基础设施，缺乏大规模、低成本、耐用可靠的制造技术，以及高昂的氢气

储运成本。

发展战略方面，一是推进清洁氢的战略性、关键领域使用。清洁氢的主要应用领域将是电气化手段难以脱碳的领域，包括化工、冶炼、重型运输、长期储能、固定电源等。二是降低清洁氢的成本。目标是将清洁氢的生产成本到2026年降至2美元/千克、到2031年降至1美元/千克，配送成本到2030年降至2美元/千克。三是注重区域网络发展。鼓励氢气最终用户与大规模清洁氢生产商就近发展，确保清洁氢大规模、稳定生产与消纳，发展和共享部分制储运基础设施。

行动计划方面，主要聚焦清洁氢的生产、储运和市场推广三方面行动，分别设置了近中远期目标。一是清洁氢生产，近期推进电解、热化学等清洁制氢技术研发示范，示范可再生能源制氢、核能制氢等项目；中期部署百万千瓦规模的制氢电解槽，扩大电解槽制造、回收/再利用规模；远期具备1 000万吨的清洁氢生产能力，并将生产成本降至1美元/千克。二是储运基础设施建设，近期开展储运基础设施建设困难识别与分析，启动区域清洁氢中心配套基础设施建设；中期示范高效且先进的基础设施组件，构建可持续发展的区域清洁氢网络；远期开展大规模氢气运输。三是终端应用及市场推广，近期加强与监管部门合作，启动工业项目，制定承购协议；中期部署区域清洁氢中心；远期扩大区域清洁氢中心的规模，为未来清洁氢出口做准备。

2. 报告中核能制氢相关内容

(1) 报告充分肯定核能制氢的经济性和高效性优势

报告指出，核能的高容量因子、低价电力、热电联产能力对大规模电解制氢具有一定优势。基于美国能源部H2A模型对低温电解制氢平均化成本的测算表明：清洁氢成本对电力成本高度敏感，因此将制氢设施与现有核电厂集成，进而获得高容量因子的低价电力，可以有效降低清洁氢成本。此外，核反应堆可同时提供电能与热能，与尚处在研发阶段的固体氧化物电解池（SOEC）高温电解制氢技术相结合，有望进一步提高制氢效率及经济性。

（2）美国将大力推进核能制氢技术研发及应用示范

报告将核能列为生产清洁氢的重要能源之一，为核能制氢制定了明确的计划目标：2022—2023 年建立一个与核设施集成的 1.25 兆瓦电解槽用于生产氢（已于 2023 年 2 月在九英里峰核电厂实现，采用的技术是质子交换膜低温电解制氢技术）；2024—2028 年间开展不少于 10 个清洁氢生产示范项目，其中必须包含核能制氢项目；掌握用于高温电解制氢的 20 兆瓦核热提取、分配和控制技术。截至 2023 年 9 月，美国能源部已资助九英里峰核电厂、戴维斯-贝瑟核电厂（低温电解制氢）、普雷里岛核电厂（高温电解制氢）三个核能制氢示范项目。

3. 小结

核能作为清洁低碳的基荷能源，具有容量因子高、输出稳定等优势，相比于容量因子低、间歇性强的可再生能源，更有助于降低制氢成本；另一方面，核能具有适合大规模生产、热电联产等优势，核反应堆提供的热能可减少电解制氢所需的电能，从而降低生产每千克氢气所需的电力，提高制氢的效率与经济性，增强清洁氢稳定供应能力。美国核电市场萎缩，核电厂运营经济性较差。规模化的核能制氢有望提高电厂生产高附加值产品的支持。

（中核战略规划研究总院
魏可欣、王　墨）

二十二、美国推进与菲律宾核能合作布局新兴国家市场

2023 年 8 月 17 日，美国国务院、能源部和菲律宾能源部举行首次能源政策对话，就深化核能合作展开高级别讨论。2023 年 5 月，美菲两国总统发表联合声明，表示将加速开展政府间和平利用核能合作协定的谈判，为核能出口提供法律依据。近期，美国政府大力推进与菲核能合作，布局菲律宾等新兴国家市场并强化与菲同盟关系。

1. 菲律宾筹备发展核电并取得进展

菲律宾目前能源结构中化石能源占主导。2022 年煤炭发电量占总发电量的 59.6%、天然气占 16%、地热占 9.3%、水力占 9%，其他为石油、生物燃料、太阳能等。菲律宾目前没有核电，曾为应对石油危机问题于 1984 年耗资 23 亿美元建成一座 623 兆瓦的西屋压水堆，并被国际原子能机构认为可装料并进行商运测试，但该堆由于切尔诺贝利核事故等因素的影响从未投入使用。此外，菲律宾还曾运行一座菲律宾 1 号（PRR-1）研究堆，1963 年投运、1988 年关闭。

菲律宾能源部计划建立多元化和平衡的能源结构，在《2020—2040 年菲律宾能源计划》中设立核能发展路线图，计划最晚在 2029 年投运首座核电厂。同时，菲律宾国会正在为核能利用完善法律和监

管制度。2021 年，国会通过设立原子能监管委员会的法规。2023 年，众议院核能特别委员会批准核损害赔偿责任法案。此外，菲律宾还与韩国合作研究重启巴丹核电厂的可行性，并在 2023 年投运基于菲律宾 1 号研究堆建设的“用于培训、教育和研究的次临界装置”。

2. 美国正致力于与菲律宾完成“123 协议”谈判实现技术出口

美国一直致力于与菲律宾开展核能合作。20 世纪 70 年代菲律宾建设的首座核电厂就采用美国西屋电气公司的压水堆技术。2022 年 2 月，菲律宾前总统杜特尔特批准将核电纳入本国能源结构，次月美国就与菲律宾签署核合作谅解备忘录。2022 年 6 月，马科斯就任菲律宾总统后，两国核能合作提速发展，不断有新动向。

在政策方面，2022 年 11 月，美菲宣布启动具有法律约束效力的政府间和平利用核能合作协定的谈判，即“123 协议”，为核材料及设备出口提供法律依据；2023 年 3 月，美国国务院和菲律宾能源部签署核合作谅解备忘录；5 月，美菲两国总统联合声明称将迅速开展“123 协议”谈判；8 月，美菲举行首次能源政策对话，美国国务院、能源部和菲律宾能源部就深化核能合作展开讨论。该对话是两国讨论风电、核电等新型能源合作的高级别平台。在技术选型方面，2023 年 5 月，菲律宾总统还与美国纽斯凯尔电力公司、超安全核公司举行会谈，纽斯凯尔电力公司计划投资 65 亿～75 亿美元用于 2031 年前在菲律宾建成 6 座小堆，超安全核公司计划在微堆和核燃料技术方面为菲律宾提供援助。在人才队伍方面，2023 年 5 月，美国宣布将基于“负责任使用小型模块化反应堆的基础设施”（FIRST）计划帮助菲律宾建立本国的核工程人才队伍。

3. 小结

菲律宾目前能源结构以化石能源为主，核能是其发展低碳能源的

重要选项。菲律宾有一定核能基础，但总体而言，存在技术薄弱、法律监管体系缺失和供应链不完善等问题，需要长时间依托国际原子能机构、美国等外部协助。通过与美国开展核能合作，菲律宾可进一步强化与美国的关系，维持国内安全形势和促进经济发展。

（中核战略规划研究总院
李光升、许春阳、金　花）

二十三、美国力图借助核能合作恢复在非洲影响力

在2023年11月30日至12月12日举行的《联合国气候变化框架公约》第28次缔约方大会期间，多家美国核能企业分别与阿联酋核能公司签署协议，未来或将共同开展在中东、非洲等地区的核能合作。此前，美国能源部与加纳能源部共同举办了首届美非核能峰会，大力推动美非核能合作。上述行动反映出美国对于非洲核能市场的高度关注，开展核能合作已成为美国力图恢复对非洲地区影响力的重要手段。

1. 美国政企积极推动美非核能合作

拜登政府上台以来，大幅调整特朗普时期美国对非洲的“漠视”政策，从政治、经济、文化、安全等多维度加大对非投入，深化美非合作，旨在改善美国在非形象，从而在大国战略竞争中获取非洲国家支持。针对当前困扰着许多非洲国家的全球气候变化问题，以及清洁能源转型、关键矿产开发等突出需求，美国政府通过“千禧计划（MCC）”“电力非洲（Power Africa）”等援外计划，大力推动美非能源领域合作。核能作为清洁能源之一，在应对气候变化方面的关键作用已受到国际社会越来越广泛的认可，再加上美国近些年也在积极恢复其在核能领域的竞争力，因此，核能逐渐成为美国加强与非洲国家合作的重要抓手。

2023 年 10 月 30 日至 11 月 1 日，美国能源部与加纳能源部在加纳阿克拉联合举办首届美非核能峰会（USANES），美国政府、学术界、工业界、民间社会和国家实验室均有高级官员代表参会，还有来自非洲、英国、韩国、日本及国际组织的代表，共同讨论核电的未来，为非洲地区核能可持续发展奠定基础。此次峰会以“通过核能释放非洲潜力”为主题，在 3 天会议期间围绕非洲的核能需求、美国的核电产业、核能对经济增长的作用、下一代核电技术发展、核能产业监管、先进反应堆技术等众多议题展开讨论。美国能源部还表示计划每两年在非洲举办一次美非核能峰会，继续保持合作势头，实质是美国政府牵头为美国企业进军非洲核能市场打造并持续保留一个高级别的宣传推介平台。

就在首届美非核能峰会举办一个月后的《联合国气候变化框架公约》第 28 次缔约方大会（COP28）期间，美国 X 能源公司（X-energy）、超安全核公司（USNC）、通用日立核能公司（GEH）、泰拉能源公司（TerraPower）等多家美国核能企业，分别与阿联酋核能公司（ENEC）签署协议，内容涉及共同在中东、非洲等地区开展核电市场开发等核能合作。这是继美国政府之后，美国核能企业采取的非洲核能市场开发相关行动，虽然是基于与阿联酋开展合作的间接形式，但该举措的最终落脚点仍然在于获取非洲地区核能项目机会。由此可见，美国政府层面和企业层面均在积极通过直接或间接方式，努力促成美非核能合作。

2. 国际政经地位的提升使非洲核能市场备受关注

美国对外关系委员会 2021 年发布的《大国在非洲博弈》报告指出，随着近年来非洲在国际格局中政治经济地位的提高，大国在非洲大陆争夺影响力已是一个不可否认的地缘政治现实。尤其是在 2022 年俄乌冲突爆发后，出于反制西方围堵制裁、保障本国能源供应安全等不同目的的考虑，俄法等国也在加大力度经营与非洲国家的关系，具体行动中包括有关核能合作的讨论。

俄罗斯自 2009 年起已深耕非洲核能市场多年，曾与南非、埃及、突尼斯、加纳、尼日利亚、阿尔及利亚等多国签署核能合作协议，并正在为埃及建造该国首座核电厂，也是非洲地区的第二座核电厂。在 2023 年 7 月的俄罗斯-非洲峰会暨经济人文论坛期间，俄罗斯分别与埃塞俄比亚、津巴布韦和布隆迪签署核能合作协议，还与卢旺达、尼日利亚、加纳、赞比亚、埃塞俄比亚、乌干达、刚果共和国、坦桑尼亚、纳米比亚等 20 多个非洲国家就不同功率等级的核电厂建设、核科技中心发展、铀矿开发等问题进行对话；在 9 月的第 67 届国际原子能机构（IAEA）大会期间，俄罗斯与阿尔及利亚签署涉及核技术应用领域项目合作的谅解备忘录；10 月，俄罗斯又分别与布基纳法索和马里签署核能合作协议，还批准了与非洲核能委员会（AFCONE）签署的 2023—2025 年和平利用核能合作行动计划。

法国与非洲国家在核能领域也有颇深渊源，非洲地区目前唯一一座在运核电厂（位于南非）采用的就是法方技术，法国还控制着部分非洲国家关键矿产资源的开采，特别是法国发展本土核工业的关键原料铀矿。近些年，法国也在积极调整对非政策，意图改善法国形象、拉拢非洲国家、平衡非西方国家影响力。然而，2023 年 7 月，尼日尔政变后宣布暂停向法国出口铀，直接反映出当地民众的反法情绪和对法国控制尼日尔铀矿的不满。虽然法国改善与非洲国家关系的计划面临重重挑战，但法国电力公司（EDF）、道达尔能源（TotalEngines）等法国大型企业在非洲能源领域仍具有较大影响力。

3. 非洲地区核电发展情况

非洲地区目前拥有两座核电厂，一座是在运的南非科贝赫核电厂，有 2 台在运压水堆机组，总装机容量 185.4 万千瓦；另一座是在建的埃及埃尔达巴核电厂，计划建设 4 台 VVER-1200 机组，总装机容量 480 万千瓦，其中 3 台机组已启动建设。

南非、加纳、肯尼亚和尼日利亚等国已发布新建核电计划，并正在推进相关计划的实施。阿尔及利亚、苏丹、摩洛哥、尼日尔、突尼斯、塞内加尔、埃塞俄比亚、坦桑尼亚、卢旺达、乌干达、赞比亚和纳米比亚等国正在开展将核能纳入本国能源结构的研究。世界核协会（WNA）2023 年 9 月发布的《核燃料报告：2023—2040 年全球需求和供应情景》中预计，非洲到 2040 年可能拥有 1 800 万千瓦的核电装机容量。2023 年 10 月，非洲核能委员会和世界核协会签署谅解备忘录，将合作利用核能支持非洲大陆经济增长和可持续能源发展。在 COP28 会议期间，加纳和摩洛哥还积极加入了美国牵头发起的《三倍核能宣言》。

值得一提的是，小型模块化核反应堆（SMR）受到许多非洲国家的青睐。加纳在美国的支持和赞助下，对于小堆部署抱有较高热情，2022 年加入了美国发起的“负责任使用小型模块化反应堆技术的基础设施”（FIRST）计划，并于 2023 年 9 月获得 175 万美元支持基金，用于打造撒哈拉以南非洲地区的小堆地区培训中心和英才中心。此外，卢旺达原子能委员会（RAEB）在第 67 届 IAEA 大会上宣布，其政府已决定在其能源结构中引入核能，小堆技术将是卢旺达未来核电站的基础。

4. 小结

非洲地区是国际政治经济格局中的重要组成部分，战略价值持续提升。美国政企近期对于促进美非核能合作的积极行动充分体现出美国国家层面对于核能合作项目的高度重视，也显示核能合作对于国家间政治外交关系维系具有重要意义。

（中核战略规划研究总院
赵　宏、王　墨、孟雨晨、王　巍）

二十四、法国评估制定内陆核电厂降低气候敏感性措施

法国共有 56 台在运核电机组，其中 38 台位于内陆地区。随着夏季气温飙升多发，干旱天气频发，进而导致河流水温上升，影响内陆核电厂冷却水排放。核电厂面临依照监管规定降低运行功率甚至停运的风险。

截至 2023 年 6 月底，受定期检修计划和管道应力腐蚀（涉及 10 台机组）影响，法国有 22 台机组处于停运状态。为避免电力供应缺口进一步扩大，推进机组持续安全运行，法国发布多份关于冷却水排放温度限值调整经验、高温下冷却水排放生态环境影响和地表水监测的评估报告，以此为基础研提多项措施降低核电厂对气候变化的敏感性。

1. 发布多份高温下内陆核电厂冷却水排放评估报告

与滨海核电厂相比，内陆核电厂受纳水体稀释能力和环境热容量相对不足。为降低余热的生态环境影响，法国核安全局为不同内陆核电厂制定了具体的冷却水排放温度限值（包括取排水温差和混合区温度）。通常，取排水温差不得超过 3 ℃，混合区水温不超过 25～28 ℃。当河流水温达到一定阈值时，核电厂必须降低运行功率甚至停堆。

2022 年 6 月至 9 月的极端高温天气导致法国多地河流水温持续升

高，位于河流沿岸的戈尔费什（2 台机组，总装机容量 260 万千瓦）、比热伊（4 台机组，总装机容量 360 万千瓦）、圣阿尔邦（2 台机组，总装机容量 260 万千瓦）、特里卡斯坦（4 台机组，总装机容量 360 万千瓦）和布莱耶核电厂（4 台机组，总装机容量 360 万千瓦）已无法通过降低运行功率将排放温度控制在限值之内。由于当时法国近半数机组停堆检修，且俄乌冲突下能源供应短缺，法国核安全局临时修改五座核电厂冷却水排放温度限值，并多次延长临时限值的适用期限，在遵守取排水温差规定的前提下，即使混合区水温超过限值，机组仍能够至少以最低功率运行。

为全面评估限值修改的影响，2023 年 6 月 27 日，基于法国电力公司（下文简称“法电”）《特殊情况下地表水监测》和《夏季高温期间核电厂周边生态系统变化情况》报告，法国核安全局发布《关于 2022 年夏季核电厂冷却水排放的技术说明》，分析自 2003 年以来五座核电厂受纳水体的气象、水文（流量、上下游水温、水质等）、生物资源的变化情况，综合评估核电厂冷却水排放对生态环境的影响，重点关注高温这一特殊气候条件下排放限值调整的影响。

评估结果显示，2022 年夏季戈尔费什、特里卡斯坦和布莱耶核电厂冷却水排放并未显著影响受纳水体的水文和生物特征（主要是鱼类、浮游植物、微生物）；比热伊核电厂受纳水体出现轻微富营养化现象，鱼群数量较往年有所减少，但这些影响在夏季结束后已经消失；圣阿尔邦核电厂受纳水体的鱼类、浮游植物、微生物与往年存在一定差异，相关差异在夏季结束后仍然存在。

基于上述评估结果，报告指出，高温下冷却水排放的环境影响并不显著或整体可控，然而法国一条河流沿岸往往建有多座核电厂，随着未来极端高温天气的增加，必须长期监测受纳水体，高度关注多座核电厂冷却水排放的累积影响。

2. 采取多项措施降低核电厂对气候变化的敏感性

由于法国大量机组坐落于内陆地区，且法国气象局近日判断 2023 年夏季的温度和干旱程度都高于往年。随着全球气候变暖，未来极端高温天气发生频率和持续时间都将增加，因此在法国核安全局和法国参议院的支持下，法电正在推进“降低核电厂对气候变化敏感性”项目，基于评估报告提出多项措施，涉及冷却装置研发与建设、新监管标准制定和核电厂选址。

(1) 研发建设冷却装置

一方面，法国计划为现有核电厂建设冷却塔，正在开展可行性研究，目前面临的主要挑战是现有厂址需进行重新规划。同时，对于新建机组，应着眼于长期气候变化，开展冷却装置建设。另一方面，法国提出应开展冷却技术创新研究。法国现有冷却塔采用湿式冷却技术，耗水量大，因此计划开展干式冷却塔研究，希望在设计制造等方面进行优化创新，提升冷却效率并降低建设成本。

(2) 制定新监管标准

面对气候变化，法国核安全局正在修改部分核电厂冷却水排放限值，降低高温对运行功率的影响；同时采用新技术加大生态环境监测力度，包括增加受纳水体的监测指标以及采样点位和频率，建立环境风险快速响应机制。法国利用过去 20 年里收集的核电厂受纳水体气象和水文监测数据、核电厂运行情况建模，预测在不同自然条件下，核电厂以不同功率运行时对受纳水体的影响，这是法国核安全局制定新的冷却水排放标准或临时放宽限值的核心依据。2023 年 7 月 4 日，法国宣布放宽布莱耶核电厂冷却水排放温度限值，并增加环境监测要求，以及时把控高温下冷却水排放的影响。

(3) 将气候敏感性作为厂址选择和规划依据

法国在为新核电厂选址时必须将气候敏感性作为一项关键审查标准，同时在场地规划时为冷却装置预留足够的空间。法国计划分两批建设 14 台 EPR-2 机组，优先考虑在现有厂址建设。目前已确定将 2 台建在彭里（沿海地区）。对于其余机组，尤其是第二批建设的 8 台机组，法电必须选择沿海或气候敏感性低的内陆地区。此外，法电还需考虑场地规划问题，预留足够空间，以便根据中长期气候变化改进升级和扩建冷却装置。

3. 小结

法国有关机构和企业开展的一系列环境评估表明，2022 年高温下核电厂冷却水排放并未对受纳水体产生显著影响或影响处于可控范围内。然而随着全球气候变化加剧，高温迫使机组降低运行功率可能不再是偶发现象，且法国一条河流沿岸往往建有多座核电厂，因此法国正在进行持续监测，评估高温下核电厂运行对受纳水体的累积影响，制定新冷却水排放标准和建设冷却装置。

（中核战略规划研究总院
李晨曦、马荣芳）

二十五、法国核电产业链优化调整助推核电建设项目

核电在法国总发电量中的占比超过70%，核工业是法国第三大工业部门，拥有2 600多家本土企业，从业人员数量达22万。除了出口核电，法国还将核知识与技术出口至世界各地，2021年法国核行业相关贸易顺差高达60亿欧元。

1. 法国核电产业链基本情况

铀资源全部依赖进口。法国每年的铀资源需求为8 000至10 000吨。2001年，法国本土最后一个铀矿关闭，自此法国的铀全部从国外进口，主要由法国欧安诺公司在哈萨克斯坦、加拿大和尼日尔开采。通过在多国开采铀矿，法国铀资源需求得到满足。2005—2020年间，法国共进口13.8万吨铀，其中从哈萨克斯坦进口2.77万吨，从澳大利亚进口2.58万吨，从尼日尔进口2.48万吨，从乌兹别克斯坦进口2.22万吨，从其他国家进口3.75万吨。

燃料加工和制造自主化程度高。欧安诺负责将进口的天然铀在法国本土进行铀转化和铀浓缩。除欧安诺外，加拿大矿业能源公司、美国康弗登公司和俄罗斯技术装备出口公司也为法国提供铀转化服务，欧安诺、欧洲铀浓缩公司和俄罗斯技术装备出口公司为法国提供铀浓

缩服务。法国电力公司（以下简称“法电”）的子公司法马通公司和美国西屋公司负责燃料组件的设计和制造。

核电设备制造技术成熟，但改进升级速度缓慢。法国核电设备制造主要由法马通公司负责，在法国本土拥有四个制造厂，核心业务是核岛设备。同时法马通也负责仪表与控制系统安装。该公司已为全球11 个国家 90 多台核电机组提供设备。然而，2005 年至今法电海内外开展的多个 EPR 建设项目在核电设备供应方面出现延误。法电表示，这是因为在 1991—2005 年间法国未启动任何新核电项目，主要工作集中于反应堆运行和维护，大量专业人才流失，导致该国设备制造技术发展缓慢，甚至处于停滞状态，难以满足 EPR 机组的建设需求。

已实现核电厂自主设计、建设与运行，但仍需进行改进优化。法国政府授权法电作为唯一核电厂业主和核电计划的总体工程管理单位，负责核电厂整体设计、建设、安装、调试和运行技术支持，在引进美国西屋公司设计的基础上研发出具有完全自主知识产权的核电机组设计，并采取批量化、标准化、规模化策略，总结经验以持续优化机组设计。核电厂运营及维护工作由法马通公司统一负责，包括停堆检查、部件更换、换料、改造升级以延长运行寿期等。当前法国自主设计的三代堆 EPR 首批机组尚未全部完工，与法国此前的二代堆相比，EPR 的设计因安全性要求更高和装机容量更大而更为复杂，在建设过程中均出现拖期超概问题。

拥有全球最大规模的商业后处理能力。法国执行闭式燃料循环策略，后处理工作主要由欧安诺公司负责。欧安诺从乏燃料中提取出钚制成钚铀混合氧化物（MOX）燃料，供反应堆使用。目前法国 10%的核发电量由 MOX 燃料提供。法国阿格拥有 2 座年产能均为 800 吨的后处理厂，不仅处理本国乏燃料，还为其他国家提供后处理服务。值得注意的是，法国还实现了后处理技术的出口，帮助英国和日本建设商业后处理厂。

持续推进核设施退役及放射性废物治理。核电厂退役工作由法电下属的退役和环境工程中心负责。具有国有企业性质的国家放射性废物管理局则负责放射性废物相关技术研发工作，并对废物进行管理，已于2023年1月向法国核安全局提交中高放废物地质处置库建设许可申请。

2. 法国核电产业链优化调整措施

当前法国天然铀供应完全依赖进口，核电设备制造技术发展缓慢，机组设计亟待优化。在全球核电行业即将迎来新一轮加速发展的形势下，法国近期采取多项措施对核电产业链进行优化，以助推国内外核电项目建设。

加强天然铀多元化供应。法国天然铀完全依赖进口，随着核电在全球范围内的复兴，该国铀资源将面临供应减少和价格上涨的风险。一方面，哈萨克斯坦、纳米比亚、尼日尔和乌兹别克斯坦等国家正在考虑不再签订固定价格合同，而是通过协议每年对价格进行修订。另一方面，法国在海外铀矿开采方面面临着来自中国和加拿大的竞争。为避免俄乌冲突导致核燃料短缺，法国采取两项措施保障进口的多元化。一是开发新铀矿。法国正在蒙古国珠维持敖包铀矿进行试采，并已于近期启动哈萨克斯坦南托库杜克铀矿开发项目，还在2022年年底分别与乌兹别克斯坦和哈萨克斯坦签署铀资源勘探开发合作协议。二是扩大现有项目持股比例以保障供应安全。欧安诺于2022年5月宣布将增加其在雪茄湖铀矿项目中的股份。

优化提升关键设备制造能力。与此前堆型相比，EPR在设计上进行了较大改进，法国核电设备制造能力难以满足其需求，因此在建设过程中多次出现问题。为优化提升核电设备制造能力，法电采取两项措施。一是实施“卓越”计划，包括改进现有设备制造设施和开展人员培训，以提升设备制造水平。该计划于2020年启动，截至2022年年底已完成90%，预计将在2023年全部完成。二是将关键设备制造技术掌握在自己手中。法电2022年11月与美国通用电气公司签署最终协议，将回购包括阿拉贝尔汽轮机在内的常规岛设备制造业务（该项业务于2015年被通用电气收购）。

基于设计、建设和运行经验改进核电机组设计。一方面，基于EPR建设和运营经验，法国正在研发在建设周期、造价、经济性和安全性方面均有改善的167万千瓦EPR-2机组，单机组造价比目前在建的法国弗拉芒维尔3号（EPR）低30%，未来将在本国批量建设。另一方面，法电正在针对海外市场研发EPR1200，该机型以EPR-2为基础进行设计，其主要区别在于将功率降至120万千瓦，以及将冷却剂环路数量从四个减至三个。与目前出口的EPR机组相比，EPR1200对反应堆冷却系统和事故工况下的控制系统进行了优化。目前EPR1200安全方案已通过法国核安全局的审查，将用于正在招标的捷克杜库凡尼扩建项目。

3. 小结

法国对核电产业实行集中统一规划和管理。几十年来，法国国内坚持走系统化、连贯性强的核电技术发展路线，同时大力开拓海外核电市场，已形成配套完整、技术先进的核电产业链。在能源结构绿色低碳转型和俄乌冲突的背景下，全球核电产业迎来重要发展机遇期。法国近期采取多项措施对核电产业链进行优化，建设完整、先进的核电产业链，以助推国内外核电项目建设。

（中核战略规划研究总院
李晨曦、马荣芳）

二十六、国际组织呼吁核能在应对气变问题中发挥更大作用

2023 年 10 月 9 日至 13 日，国际原子能机构（IAEA）（以下简称“机构”）第二届“气候变化与核能作用：核能促进净零排放（Atoms4NetZero）”国际大会在奥地利维也纳召开。本届会议重点关注核能与可再生能源、投融资、小堆及先进技术、低碳制氢等方面，并设置相关高级别小组会议等活动，反映出未来核能发展的主要趋势与方向，值得重点关注。

1. 核能的重要性得到更广泛认可

机构重申核能在供电、供热、制氢等领域的重要作用，并上调了对于 2050 年核电装机容量的发展预期。机构总干事格罗西在开幕致辞时表示，现在，对于核能在应对气候变化问题中的作用，人们有了更多期待。越来越多的国家正在考虑或已启动引入核电，或扩大核电规模，核能的区域供热、海水淡化、为工业部门提供工艺热，尤其是核能制氢等多元应用方向也日益受到重视。根据机构 10 月 9 日正式发布的 2023 年版《直至 2050 年能源、电力和核电预测》报告，到 2050 年，全球核电装机容量在低值情景中将增至 4.58 亿千瓦；在高值情景中将达到约 8.9 亿千瓦，远超 2022 年 3.71 亿千瓦装机容量的两倍。

国际能源署（IEA）也对核能发展作出积极预期，并提出三个行动项。IEA 署长比罗尔表示，在气候变化和俄乌冲突引发的能源危机这两个主要因素驱动下，核能正在重返世界舞台。当前核电发电量在全球发电总量中占比约为 9%，是全球第二大清洁电力来源，仅次于水电。IEA 于 9 月发布的 2023 年版净零路线图（《净零排放路线图——实现 1.5 ℃目标的全球路径》）预计，核电装机容量到 2050 年有望达到 9.16 亿千瓦，与 IAEA 的预测大致相符。比罗尔认为，应对气候变化需要解决能源问题，亟需在推进清洁能源发展和节能等领域采取更加积极的行动，对于核能，未来几年主要应从三个方面采取行动：一是持续新建核能相关设施；二是实现核能反应堆的延寿，这也是保障核能发电量的一个重要模式；三是推动包括小堆等在内的新兴核电技术发展。

2. 先进核能技术是未来核能发展的重要方向

小型模块化反应堆（SMR）、核聚变等先进核能技术发展成为关注热点。“气候紧急情况与核能作用”高级别小组会议、“创新技术与 SMR”高级别小组会议以及“快速部署先进核反应堆与 SMR 的关键”技术会议等活动均对相关话题进行了讨论。经合组织核能机构（OECD/NEA）核技术开发与经济部门负责人卡梅隆在会上介绍了 NEA 推出的小堆平台，该平台主要用于统计全球各种不同类型（陆上、浮动式等）的小堆在研发、部署、工业链等方面取得的进展。目前，俄罗斯、中国已率先实现部分小堆设计的建设应用，加拿大在小堆许可证、安全监管等方面进展较快。国际热核聚变实验堆计划（ITER）副总干事镰田裕在会上表示，近些年全球对于聚变研究的兴趣高涨，40 余家初创公司获得了 60 亿美元左右的投资，国际最大的聚变项目 ITER 距离建成只差一步，已经进展到组装环节。专家们均

表示，必须保持对未来先进技术的发展并努力加快进展。

商业化及安全监管成为小堆、聚变堆等先进核能技术发展的关键议题。会议期间，与会专家重点关注了先进反应堆走商业化道路及安全标准先行等问题。在商业化方面，专家指出，目前很多小堆项目面临投资吸引力不足问题，有必要立足于对小堆未来经济性提升的长远预期，及其对电网、气候和可再生能源系统的高适应性优势，将国家层面投融资和吸引民间企业市场投资相结合，共同支撑小堆技术研发和产业化落地。在小堆安全标准制定方面，与会专家表示，全球已有80余种小堆设计在研，却暂无较为统一的国际安全监管标准。为规范小堆发展，先行制定一套专门针对小堆研发和生产的安全监管标准势在必行。同时，作为已拥有陆上小堆示范项目的国家，与会专家很关注中国在小堆安全监管方面的经验，也对未来中国在国际标准制定中发挥一定引领作用抱有期待。

3. 政府、公众及融资支持是影响核能发展的重要因素

大会期间，格罗西、比罗尔、卡梅隆等多次提及影响核能发展的重要因素。

一是政府所提供的政策支持对于核能发展至关重要。政府一方面应认识到各类低碳能源的优势，制定相关政策、路线图；另一方面，也需要全面收集信息，对能源稳定性等情况展开评价，并控制相应风险。目前，许多政府方已经认识到核能对于未来50年可能发挥的作用，这将有利于核能的发展。

二是公众舆论支持对于核能发展的重要作用。格罗西表示，已经有很多人意识到支持环保与支持核能并不矛盾，甚至全社会都有这样的趋向。机构也做了很多调研，很多公众支持核能应当成为气候变化的解决方案之一，公众对于核能的态度过去两年明显有所转变。公众

支持能够使决策者有勇气再次采取行动，但目前这些行动仍然较慢。

三是融资支持也是公认的核能发展重要影响因素。本届大会专门举办了以“核能与可持续融资”为主题的高级别小组会议，以及“气候情景模型如何影响核能投资”边会等活动，重点讨论核能项目面临的资金支持问题。要让金融行业认识到核能对于缓解气候变化、保障能源供应的关键作用，认同核电值得投资，核能行业还需要去做更多工作。格罗西认为，过时的意识形态以及无知的恐惧，不应阻挡核电的发展。比罗尔表示，政府支持清洁能源，支持核能的做法（如核电机组延寿、转型），需要金融组织的参与。目前政府支持和公众接受度已经有所好转，但是财务支持还没有跟上。此外，与会专家们也多次提出应正确处理核能与可再生能源的发展关系，为所有清洁能源创造一个公平的市场环境。

4. 小结

先进核能技术已被美国视为重塑其核能领域竞争优势的重要抓手，法国、英国、日本、韩国等重要核电国家也在积极推进先进核能技术研发。当前，国际上仅中俄两国已有小堆建成。美国、加拿大等国小堆建设进度虽不及中俄，但均已在积极抢夺国际标准制定的话语权，为其未来小堆建成之际抢占主流国际市场前瞻性布局。

（中核战略规划研究总院
赵　宏、王　墨、罗凯文）

二十七、多机构建言加强国际监管合作助力核能规模部署

2023 年 9 月，世界核协会、美国核电协会和加拿大核协会联合发布《提高国际监管效率以加速推进核电部署的框架》报告，呼吁通过加强国际监管合作，提高核电项目审批效率，加快核电建设速度，助力各国应对气候变化和保障能源供应安全。报告分析了当前形势，提出了具体建议，对于进一步推进全球核电可持续发展具有一定参考价值。

1. 相关背景

实现净零排放目标亟需加速核电规模化部署。许多国家已宣布进入气候紧急状态，并制定 2050 年前实现净零排放的目标，以期将全球变暖限制在 1.5 摄氏度以内。核能是一种可靠的低碳基荷能源，被普遍认为是未来能源结构不可或缺的组成部分。政府间气候变化专门委员会预计，为实现公平能源转型，全球到 2050 年需要 12.5 亿千瓦核电装机容量。鉴于部分现有机组将会关闭，为实现 2050 年 12.5 亿千瓦容量目标，未来 25 年必须建成 10 亿千瓦装机容量，相当于年均建成 4 000 万千瓦装机容量。但最近十年，全球年均仅有 670 万千瓦核电装机容量实现首次并网。因此，迫切需要大幅提升核电部署速度。

提升核电部署速度需要加强国际监管合作。加速核电部署面临的关键障碍是当前各国核安全监管机构在反应堆设计审批方面存在重复审批、各国之间法规要求差异大、审查和许可时间长、费用高昂等。这制约了标准化反应堆规模化应用，导致核电发展面临三大挑战：一是技术开发商不得不根据各国独特安全要求推出专门版本的反应堆设计，不利于实现设计标准化。二是设计审查和许可费用高昂，每个国家每种设计的相关费用达1.8亿～2.4亿美元。三是监管审查和许可时间长：对于平均建设周期为6～10年的百万千瓦级反应堆建设项目，审查和许可时间长达5～10年；对于建设周期约为3年的30万千瓦小堆，审查和许可时间基本上是建设周期的两倍。因此，亟需加强国际核监管合作。各国核安全监管机构应加强沟通，协调相关要求，相互认可审批结果，最大限度减少重复工作，以提高审批效率，助推核电加速发展。

2. 报告主要观点

现行国际监管合作面临三方面挑战。一是参与主体增加可能导致需求冲突，进而导致相关程序变得过于复杂或需要额外步骤，造成审查时间延长和费用增加；二是在安全目标、要求和预期方面取得广泛的一致非常困难；三是对于首堆监管审查和许可，加强国际监管合作可能会减缓审查进程，提高首堆监管审查和许可效率非常困难。

报告建议采用循序渐进法，分三阶段实现国家监管机构间审查结果互认。第一阶段为技术合作与认可，主要工作包括调整现有国际合作活动，了解各监管机构内部工作实践，以及确定可达成共识的审查范围，目标是建立信任，理解彼此监管框架，并商定合作愿景和目标。**第二阶段为提高效率和安全认可，**主要工作包括界定判断关键安全准则可接受性的方法，扩大达成共识的合作审查范围，以及就安全审查范围达成共识，目标是进一步增强合作，就关键安全准则达成共识，并就安全目标、要求和预期进行协调。**第三阶段为实现理想状态，**主要工作包括开展联合设计审查活动，在要求和方法方面达成一致，以及新兴核电国家充分发挥“智能客户”作用，目标是各国监管机构实现对审查结果的相互认可。

报告为推进国际监管合作提出了三条具体行动建议。一是加强政府和行业支持，促进更多设计审查合作，包括多个监管机构就特定设计组建专门的审查工作组；二是利益相关方采取循序渐进措施推进设计审查合作，通过“低风险活动”获得近期效益，并为获得长期效益奠定基础；三是加强现有协调合作，采用逐步推进方式加快进程，并有效利用现有资源。

3. 小结

为在保障能源供应安全的同时推进能源结构清洁低碳转型，越来越多的国家决定发展核电。美国、法国、加拿大等核电强国正在积极推进国际核监管合作，并通过这一合作推销本国核安全标准，推动自身先进核电理念和安全理念获得国际市场采纳，进而加强目标客户对其技术能力的认可，增强本国核工业影响力，抢占市场先机。总体而言，核电技术供应国加强国际监管合作，能够缩短本国标准化反应堆在其他国家的部署时间并降低部署费用，有利于实现规模化发展，并能带来安全、经济、外交等多方面利好。

（中核战略规划研究总院
伍浩松）

核电技术

二十八、2023 年国外新型核电反应堆发展动向

2023 年，小型模块化反应堆仍是各国关注的焦点，成为新兴核能国家的重要选项。美俄在钠冷快堆、气冷堆、熔盐堆等新型反应堆的研发、建设和许可方面持续取得进展。大型压水堆运行经验丰富、确定性强，仍是当前全球能源转型、核电扩容的重要支撑。

1. 基于水冷堆的小型模块化反应堆

小型模块化反应堆设计选型多，其中水冷堆成熟度高，研发应用进度最快，成为美俄推动研发和出口的重点。俄罗斯 2023 年实现浮动小堆电厂的首次换料，美国与多国达成小型水冷堆出口项目。

(1) 俄罗斯进行浮动小堆电厂的首次换料，持续推进升级型浮动核电厂建设和出口

俄罗斯“罗蒙诺索夫院士”号是国外近年来首个建设运行的浮动小堆电厂，建有两座 KLT-40S 压水堆，总电功率为 70 兆瓦。2023 年 11 月，“罗蒙诺索夫院士”号船体右侧反应堆已装入新的燃料，预计 2024 年两座 KLT-40S 压水堆全部完成换料。

俄罗斯国家原子能集团公司（以下简称“俄原公司”）正在建造首座升级型浮动核电厂（MPEP），将搭载两座 RITM-200M（或称 RITM-200S）压水堆，总电功率为 106 兆瓦，船体由中国公司制造。

俄原公司计划建造 4 座升级型浮动核电站为楚科奇自治区的佩先卡斑岩铜矿提供电力。2023 年，俄罗斯 AEM-Special Steels 公司已启动锻造 RITM-200M 反应堆的部件毛坯。2023 年 6 月，俄原公司与 TSS 集团签署成立合资公司的协议，开拓升级型浮动核电厂的海外市场。

(2) 俄罗斯陆基小堆电厂达到重要节点

俄罗斯正推动建设的陆基小堆电厂有 RITM-200N 和 Shelf-M 两种堆型，其中 RITM-200N 小堆技术设计获批，陆基小堆电厂项目取得建设许可证。

RITM-200N 压水堆基于 22220 型破冰船的 RITM-200 反应堆设计，单堆电功率为 55 兆瓦。俄原公司将在雅库特建设两座 RITM-200N 为 Kyuchus 金矿供电，计划于 2028 年并网发电。2023 年 4 月，俄罗斯监管机构颁发 RITM-200N 小堆电厂的建设许可证；10 月，俄原公司启动 RITM-200N 小堆电厂自动化过程控制系统开发设计；11 月，俄原公司批准 RITM-200N 反应堆的技术设计。

Shelf-M 微堆为一体化水冷设计，电功率为 10 兆瓦。俄原公司计划在 2024 年完成该反应堆的技术设计，并在 2030 年将其投运。2023 年 6 月，俄原公司和楚科奇政府签署建设 Shelf-M 小堆电厂的合作协议；8 月，俄原公司称已在北极地区选定 Shelf-M 微堆的五个潜在厂址。

(3) 美纽斯凯尔小堆国内首堆项目终止，国外小堆电厂模拟机陆续投运

纽斯凯尔小堆（压水堆）由美国纽斯凯尔电力公司研发，单堆功率为 77 兆瓦，首堆建在爱达荷国家实验室，原计划于 2030 年投运，但纽斯凯尔电力公司在 2023 年 11 月确认首堆项目因资金问题终止，同月，纽斯凯尔电力公司宣布与橡树岭国家实验室合作开展纽斯凯尔

小堆的技术经济评估。纽斯凯尔电力公司正在积极开拓海外市场。2023 年 1 月，美国纽斯凯尔电力公司和罗马尼亚 RoPower 电力公司签署建设纽斯凯尔小堆电厂的前端工程设计（FEED）合同；5 月，罗马尼亚启用美国本土以外的首个纽斯凯尔电力公司能源探索（E2）中心；7 月，波兰气候与环境部原则上批准该国建设纽斯凯尔小堆电厂的计划；11 月，韩国启用纽斯凯尔电力公司能源探索中心。

(4) 通用-日立 BWRX-300 在多国建设计划取得进展

BWRX-300 沸水堆由通用日立核能公司研发，电功率为 300 兆瓦，2017 年启动概念设计。2023 年 1 月，通用日立核能公司与多家加拿大企业就在加拿大达灵顿核电厂建设 BWRX-300 签署合同；2 月，爱沙尼亚费米能源公司宣布采用 BWRX-300 技术建设该国首座核电厂；3 月，加拿大核安全委员会宣布 BWRX-300 通过第一和第二阶段供应商预许可设计评审（VDR）；7 月，通用日立核能公司宣布筹备在达灵顿核电厂再额外部署 3 座 BWRX-300；12 月，波兰气候与环境部宣布原则上批准在该国建设 BWRX-300 的计划。

(5) 法国推迟至 2030 年启动建设 NUWARD，已启动预许可程序

NUWARD 压水堆由法国电力公司等机构合作研发，电功率为 170 兆瓦，2019 年启动技术开发，原计划于 2030 年建成首堆，现推迟到最早 2030 年启动建设（FCD）。2023 年 3 月，法国电力公司成立 NUWARD 子公司负责推动 NUWARD 小堆开发。7 月，法国电力公司向法国核安全局提交安全选项文件（DOS），启动 NUWARD 小堆的预许可程序。

(6) 英国罗罗小堆或面临资金短缺风险

罗罗小堆（压水堆）由英国罗尔斯罗伊斯小堆公司基于压水堆技术研发，电功率为 470 兆瓦，2017 年完成概念设计，计划 2026 年启

动建设。2023 年 2 月，罗尔斯罗伊斯小堆公司宣布将在 2024 年年底前耗尽小堆研发计划的约 5 亿英镑资金；4 月，罗罗小堆技术通过第一阶段的通用设计认证（GDA）；10 月，罗尔斯罗伊斯小堆公司与西屋电气签署研发设计罗罗小堆燃料的合同。

(7) 美西屋公司推出 AP300 设计

AP300 压水堆概念设计由西屋电气公司于 2023 年 5 月提出，电功率为 300 兆瓦，计划于 2033 年前完成首台机组建设。2023 年 6 月，西屋公司与芬兰富腾公司签署在芬兰和瑞典建设 AP300 的谅解备忘录；7 月，西屋电气公司与斯洛伐克 JAVYS 公司签署在斯洛伐克建设 AP300 的谅解备忘录；9 月，美国西屋公司与乌克兰国家核电公司签署在乌克兰开发和建设 AP300 的谅解备忘录。

2. 钠冷快堆

钠冷快堆目标是实现闭合燃料循环，减少核废物。俄罗斯正逐步推动现有钠冷快堆延寿改造，并推动大型钠冷快堆研发应用。美加等国正推动钠冷快堆的许可和建设。

(1) 俄启动 BN-600 延寿改造，制造首批含次锕系元素的 BN-800 燃料，完成 BN-1200 场址初步研究，推进 MBIR 建设

俄罗斯的 BN-600 和 BN-800 均位于别洛雅尔斯克核电厂，3 号机组（BN-600）电功率为 600 兆瓦，1980 年投运。俄原公司正进行 BN-600 延寿的准备工作，于 2023 年 8 月停运 3 号机组，进行换料和现代化改造，包括更换八个蒸汽发生器模块；4 号机组（BN-800）电功率 885 兆瓦，2015 年投运。2023 年 12 月，俄原公司生产的首批含次锕系元素的 MOX 燃料被正式接收，将于 2024 年装入 BN-800 机组。

BN-1200 电功率为 1 220 兆瓦，首台机组计划在别洛雅尔斯克核

电厂两台已退役机组的场址上建设，预计 2035 年年底建成。2023 年 8 月，俄原公司宣布完成 BN-1200 建设项目的场址研究工作，包括工程、地质、环境、水文气象和岩土测量等。

俄罗斯多用途快中子研究堆 MBIR 正在季米特洛夫格勒建设，热功率为 150 兆瓦，计划于 2026 年投运，取代将在 2025 年关闭的 BOR-60 实验快堆。2023 年 10 月，施工单位已完成该研究堆厂房的穹顶安装工作。

(2) 美持续推进 Natrium 首堆项目

Natrium 反应堆由美国泰拉能源公司研发，电功率为 345 兆瓦，首堆选址在怀俄明州凯默勒退役煤电厂附近，计划于 2030 年前投运。泰拉能源公司还在 2023 年 3 月公布在犹太州再建设两座 Natrium 反应堆的计划。8 月，泰拉能源公司与四家供应商签署软件系统和设备等相关服务的合同；同月，泰拉能源公司宣布已收购首堆的建设用地；11 月，美国能源部发布有关在怀俄明州凯默勒建设“测试和储存设施”（TFF）的环境评估草案，该非核设施可储存约 40 万加仑（约 1 465 吨）的钠冷却剂，并为 Natrium 冷却系统设计提供支持。

(3) 其他动向

加拿大 ARC 清洁技术公司计划在莱普罗角核电厂建设 ARC-100，于 2023 年 6 月向加拿大核安全委员会提交厂区准备许可证申请；日本三菱重工 2023 年 7 月被日政府选定牵头电功率为 650 兆瓦钠冷快堆的概念设计，预计 2030 年左右完成设计；日本原子力规制委员会 2023 年 7 月正式批准重启常阳实验快堆，预计该反应堆将在 2025 年 3 月投运。

3. 铅冷快堆

铅冷快堆是液态金属冷却反应堆的重要发展方向。2023 年，俄罗斯持续推进世界首座铅冷快堆建设，美英等国也开展相关研究。

（1）俄罗斯持续推进BREST-OD-300建设

BREST-OD-300电功率为300兆瓦，选址在俄罗斯托木斯克州东南部的谢韦尔斯克，2021年启动建设，计划于2026年投运。俄原公司在2023年3月启动BREST-OD-300原型机的主循环泵模块的组装，于2023年7月投运BREST-OD-300建设场址的混凝土制造设施。此外，2023年9月，BREST-OD-300反应堆所属“突破”项目的混合铀钚氮化物燃料制造/再加工模块（MFR）已完成设备测试。

（2）其他动向

美国西屋电气公司与安萨尔多核公司在2023年4月宣布完成支持铅冷快堆技术研发的非能动排热设施（PHRF）首次测试，并在11月与罗马尼亚和比利时的两家机构签署合作加速开发铅冷小堆的谅解备忘录；英国Newcleo公司在2023年与多家机构签署开发铅冷快堆的合作协议，涉及燃料、投资以及海军核动力可行性研究等领域。

4. 气冷堆

气冷堆因其军用和商用前景，成为美大力推动研发应用的重点，2023年多个项目持续得到国防部和能源部支持。

（1）美X能源公司持续推进Xe-100示范，为“贝利”计划开发可移动微堆

Xe-100由美国X能源公司研发设计，电功率为80兆瓦，计划2030年前首堆投运。2023年5月，X能源公司和陶氏化学将4座Xe-100反应堆选址在得克萨斯州Seadrift制造厂；7月，美国西北能源公司和X能源公司签署在华盛顿州建设Xe-100的联合开发协议（JDA）。

X能源公司正在开发满足民用和军用的可移动微堆，电功率为

3～5 兆瓦，分别获得美国防部、能源部为期一年的资助。2023 年 9 月，美国防部授予 X 能源公司 1 749 万美元的合同，由后者为“贝利”计划微堆提供“增强工程设计”；10 月，美国能源部授予 X 能源公司约 250 万美元的合同，用于商业可移动微堆电厂的初步设计。

（2）美巴威技术公司推进商用微堆研究

美国巴威技术公司正在开发国防部“贝利”计划的首座陆上军用可移动微堆，电功率为 1～5 兆瓦，计划于 2024 年完成首堆制造、2025 年移交爱达荷国家实验室。2023 年 9 月，巴威技术公司与怀俄明州能源管理局签署研究在该州建设可移动微堆可行性的合同；同月，巴威技术公司还与 Crowley 公司签署开发使用传统动力的浮动核电厂（船舶）设计的谅解备忘录。

（3）美超安全核公司推动微堆合作

美国超安全核公司正在研发 MMR 和 Pylon 两种气冷微堆，MMR 电功率为 3.5～15 兆瓦，示范堆计划于 2026 年投运。2023 年 4 月，超安全核公司与韩国企业签署在首尔建设基于 MMR 的制氢设施的谅解备忘录；5 月，加拿大企业宣布将在加拿大原子能公司乔克河场址建设 MMR，计划 2025 年启动建设；11 月，超安全核公司与菲律宾马尼拉电力公司签署研究在菲建设 MMR 可行性的合作协议。

Pylon 基于 MMR 技术、可移动设计，电功率为 1～5 兆瓦，面向海陆空运输和空间用途。2023 年 10 月，Pylon 得到能源部资助，将从 2026 年开始在爱达荷国家实验室开展实验和测试研究。

（4）其他动向

日本政府 2023 年 7 月选择三菱重工公司牵头日本高温气冷堆研发；波兰国家核研究中心与日本原子能研究开发机构合作于 2023 年 6 月推出 HTGR-POLA 概念设计。

5. 熔盐堆

熔盐堆因其安全特性，吸引各国开展相关技术研究，2023年多个项目许可取得新进展。

（1）美赫尔墨斯低功率示范堆获批建设许可证

赫尔墨斯低功率示范堆（Hermes）由美卡伊洛斯电力公司研发，热功率为35兆瓦，计划在田纳西州橡树岭场址建设，预计最早2026年投运。2023年12月，Hermes反应堆获批建设许可证，该反应堆也成为美国近几十年来第一座批准建造的非轻水反应堆。

（2）加拿大IMSR-400设计审查取得新进展

IMSR-400由加拿大特里斯特尔能源公司研发，电功率为194兆瓦。2023年4月，加拿大核安全委员会完成IMSR第二阶段供应商预许可设计评审；5月，美国能源部为特里斯特尔能源公司向核管会提交IMSR许可申请计划提供资助；8月，特里斯特尔能源公司与斯普林菲尔德燃料公司签署燃料制造和供应合同，计划在英国建设一座一体化熔盐堆（IMSR）燃料示范工厂。

（3）韩国和丹麦联合设计的浮动电厂获得船级社认证

紧凑型熔盐堆CMSR由丹麦Seaborg公司设计，电功率为10兆瓦。韩国三星重工基于两座CMSR设计在1月完成浮动电厂的概念设计，并通过美国船级社的基本设计认证；4月，三星重工、Seaborg公司和韩国水电核电公司组建财团共同开发浮动核电厂；7月，受高丰度低浓铀供应影响，Seaborg公司将CMSR改为低浓铀燃料设计。

6. 热管微堆

热管堆功率多为兆瓦级，基于空间堆技术发展，国外主要是美加等国开展相关研究工作。

(1) eVinci 微堆推进商业化进程

eVinci 微堆由美国西屋公司研发，电功率为 5 兆瓦。加拿大核安全委员会在 2022 年 9 月与西屋公司签署对 eVinci 微堆设计进行供应商设计审查预审的协议，2023 年 6 月，西屋公司提交微堆 eVinci 供应商设计评审预审首批文件。美国西屋公司正推进热管部件制造，于 2023 年 2 月成功制造约 3.7 米长的热管。10 月，西屋公司宣布将于 2024 年完成 eVinci 加速中心的建设，该中心可为 eVinci 微堆商业化提供测试、试验、业务开发和销售等服务。

(2) 美空军取消奥克洛公司的固定微堆合同

Aurora 微堆由美国奥克洛公司研发，电功率为 1.5 兆瓦，首堆计划在爱达荷国家实验室建设，奥克洛公司 2023 年 5 月宣布将在朴次茅斯场址建设第 2、3 座 Aurora 微堆电厂。2023 年 8 月，美国空军向奥克洛公司授予在阿拉斯加艾尔森空军基地建设微堆的合同，但 9 月底又因招标程序等问题取消授予的合同。

7. 先进大型压水堆

先进大型压水堆仍是核电建设和出口的主力，2023 年国外多个机组建成投运。

(1) 俄罗斯持续推动新型 VVER 建造和改进

VVER-1200 由俄罗斯水压机设计局公司开发，有 V-392M 和 V-491 两种子型号，电功率为 1 170 兆瓦。俄罗斯国内首台 VVER-1200 机组 2017 年投运，到 2023 年已建成 4 座。2023 年 6 月列宁格勒二期的 2 台 VVER-1200 机组（3 号、4 号机组）获批建设许可证。国外方面，俄罗斯正在土耳其、埃及、白俄罗斯等国建设多台 VVER-1200

机组，包括在土耳其阿库尤核电厂建设 4 台机组，首台机组 2018 年启动建设并于 2023 年 12 月获得调试许可证；在埃及埃尔达巴核电厂建设 4 台机组，1 号、2 号机组均在 2022 年获准建设，3 号机组在 2023 年 3 月获得建设许可证、5 月正式开工建设，4 号机组在 2023 年 8 月获批建设许可证；在白俄罗斯奥斯特罗韦茨核电厂建设两座 VVER-1200，首台机组 2021 年投运，第二台 VVER-1200 机组在 2023 年 11 月正式投运。

VVER-TOI 型号为 V-510，是在 V-392M 基础上开发的一种技术和经济上更加优化的标准化技术，电功率为 1 255～1 300 兆瓦。俄原公司正在库尔斯克 2 号核电站建设 2 座 VVER-TOI，1 台机组 2018 年启动建设、2023 年 8 月完成安全壳外穹顶安装，2 号机组 2019 年启动建设、压力容器在 2023 年 11 月运抵现场。

VVER-S 反应堆电功率为 650 兆瓦，设计上通过改变堆芯中的水—铀比以代替液态硼调节并实现反应堆控制，其设计文件已经完成制定且建设许可证也已获批，首堆计划在科拉核电厂建设，计划于 2035 年投运。

(2) 美投运国内近年来首座 AP1000 机组

AP1000 由美国西屋电气公司研发，电功率为 1 117 兆瓦。美国沃格特勒核电厂采用 AP1000 技术于 2013 年启动建设 3 号和 4 号机组，3 号机组在 2023 年 7 月投运，4 号机组原计划 2023 年投运、现推迟至 2024 年投运。西屋公司近年推动 AP1000 出口，2022 年成功向波兰出口，2023 年 9 月获批环境许可证；西屋公司 2023 年 6 月达成在科兹洛杜伊核电厂建设 AP1000 的前端工程设计合同，保加利亚政府在 10 月确认采用 AP1000 建设科兹洛杜伊核电厂 7、8 号机组。

(3) 法筹建更多 EPR 机组，英 EPR 建设项目成本上涨

欧洲压水堆主要由法国电力公司研发，电功率为 1 770 兆瓦。法

国政府正推动本国建设更多EPR机组，2022年宣布计划新建6座改进型EPR，国民议会2023年3月通过旨在简化程序促进EPR机组建设的法案。2023年6月，法电提交在彭里核电厂建设两座改进型EPR的监管申请；同月，比热伊核电厂被选为两座改进型EPR场址。

法国电力公司正在英国欣克利角C核电厂建设两台EPR机组，于2018年启动建设，首台机组的压力容器2023年2月运抵现场，但目前该项目面临成本大幅上涨，2023年2月法国电力公司宣布欣克利角C项目的造价相比2015年报价上涨约30%。此外，法电还将在塞兹韦尔C核电厂建设两台EPR机组，截至2023年底未开工建设，正在寻求更多资金支持。英国政府2023年7月宣布为塞兹韦尔C核电厂提供1.7亿英镑（约2.18亿美元）资金。

（4）韩国推动APR-1400反应堆出口

APR-1400压水堆由韩国水电核电公司研发，电功率为1 455兆瓦。韩国在阿联酋巴拉卡核电厂建成4台APR-1400机组，3号机组2023年2月正式投运，4号机组2023年11月获批运行许可证。韩国还与波兰达成APR-1400建设意向，波兰气候与环境部2023年11月原则上许可APR-1400建设项目。但韩国APR-1400正面临着与西屋公司AP1000的知识产权纠纷，2022年西屋公司向美国法院提起禁止APR-1400出口的诉讼，2023年法院裁决认为出口管制执法权属于美国政府并做出驳回的意见，西屋公司表示将继续上诉。

8. 小结

小型模块化反应堆因其模块化制造部署、适用性强等特点，成为国际核能市场关注的重点，新兴核能国家纷纷布局本国小堆建设，美俄积极推动小型水冷堆出口，但小堆在成本和监管等方面仍存在较高的不确定性。先进大型压水堆仍是扩大核电规模、确保能源安全的首选。俄罗斯 VVER 系列在技术研发和建设方面处于领先水平，美国投运近年来国内首座 AP1000 机组，法国扩大国内 EPR 机组规模，但大堆拖期超概现象仍普遍存在。面向闭式燃料循环，俄罗斯推动钠冷快堆、铅冷快堆发展，长远目标在发展大型液态金属冷却快堆。美国以军用目标为推动力，授予多项合同资助气冷堆和热管堆发展，带动商用反应堆研发和应用。

（中核战略规划研究总院
李光升）

二十九、美俄民用小型水冷堆进展与趋势

2023 年 5 月 4 日，美国西屋电气公司正式推出 AP300 小型水冷堆设计，加入小型水冷堆市场竞争。国际原子能机构数据显示，全球已有超 80 种小堆设计，其中美俄型号数量位居世界前列。在各类小堆技术路线和设计中，小型水冷堆成熟度高、研发应用进展快，成为美俄近期推动研发和出口的重点堆型。

1. 美俄主要小型水冷堆发展对比

美国主要的小型水冷堆型号有纽斯凯尔小堆、BWRX-300、SMR-160 和 AP300 等，电功率从 50 兆瓦到 300 兆瓦；俄罗斯主要的小型水冷堆型号有 KLT-40S、RITM-200M/S、RITM-200N、Shelf-M 等，电功率从 10 兆瓦到 55 兆瓦。美俄两国在小型水冷堆设计选型、燃料、应用以及研发机构性质等方面都具有较大差异。

在选型设计方面，美俄小型水冷堆多采用一体化设计，压力容器内置蒸气发生器和稳压器等设备，取消主回路各主管道，消除大破口失水（LOCA）事故。同时，相比大堆，单位功率冷却剂保有量高，提高主回路系统热惯性，降低失水事故后堆芯温升程度和堆芯裸露的可能性。其中，美国多数小型水冷堆一回路采用自然循环冷却方式设计，不设置冷却剂泵（主泵），结合非能动安全系统减小余热排出对外

部供电和主动干预的需求。俄罗斯小型水冷堆主要基于已有的破冰船核动力装置研发，一回路主要采用强迫循环的冷却方式，设计目标是浮动堆和陆基小堆电厂。在选型方面，美国BWRX-300采用沸水堆技术，其余为压水堆；俄罗斯则全部采用压水堆技术。

在燃料丰度方面，美俄两国主要小型水冷堆均采用氧化铀燃料，美国相比俄罗斯燃料丰度低、换料周期短。美国小型水冷堆采用丰度低于5%的低浓铀，换料周期为18～48个月。俄罗斯主要小型水冷堆采用丰度低于20%的高丰度低浓铀，换料周期为36～120个月。

在研发建设进展方面，俄罗斯小型水冷堆进展最快。俄罗斯KLT-40S小堆浮动核电厂于2019年12月并网发电，RITM-200M、RITM-200N和Shelf-M的首堆预计分别在2027年、2028年和2030年在雅库特地区建成投运。美国50兆瓦版纽斯凯尔小堆已获核管理委员会设计认证、77兆瓦版正在接受审查，首堆预计2029年投运。此外，BWRX-300首堆预计2028年投运，SMR-160、AP300首堆预计将在2030年后投运。

在出口进展方面，美国已与多个欧洲国家达成建设小型水冷堆的计划，俄罗斯小堆进展相比美国较少。2022年12月，罗马尼亚RoPower公司和纽斯凯尔公司签署纽斯凯尔小堆电厂的前端工程设计合同。2023年7月，波兰气候与环境部批准建设纽斯凯尔小堆电厂的计划。2023年1月，加拿大与美国签署在达灵顿核电厂建设BWRX-300小堆的合同。此外，美国还与乌克兰、印度尼西亚、菲律宾等国合作开展小型水冷堆研究。俄罗斯也与吉尔吉斯斯坦、缅甸等国签署小堆研究的合作协议。

在研发机构方面，美国研发机构主要是私营企业，进展最快的纽斯凯尔小堆开发商纽斯凯尔电力公司是初创企业，成立于2007年。俄罗斯研发机构主要是国家原子能公司所属的老牌研究机构，反应堆设计开发起步较早，例如 1945 年成立的阿夫里坎托夫机械制造实验设计局（OKBM）和 1942 年成立的多列扎利动力工程科研设计研究院（NIKIET）。

2. 美俄小型水冷堆发展现状与趋势

(1) 小型水冷堆被视为当前快速实现商业化首选

美国国家科学院 2023 年研究报告显示，小型水冷堆依托于同类大堆研发，技术成熟度高，在近年来的商业化进程中具有优势。小型非水冷堆，如高温气冷堆、热管堆等，多采用高丰度低浓铀燃料，对高性能结构材料研发和制造的要求较高，需要投入更多的资源完善燃料供应链，并对燃料和材料进行试验验证和商业化开发。同时，大型水冷堆已有约 2 000 堆·年运行经验，而新堆型缺乏同类大堆经验积累，需要原型和示范项目的长时间论证。

(2) 商业化应用仍面临监管和经济性等挑战

一是监管挑战。小型水冷堆基于大堆技术，在监管许可方面具有一定优势，但由于采用创新的设计方案，均需首先突破设计许可。美国国家科学院认为，为实现小堆的及时应用，需尽早确定监管要求，使开发机构明确研发应用的限制条件。同时，监管机构也有待根据小堆技术特征和就近部署方案等调整选址和应急规划区等方面的监管要求。**二是经济性挑战。**小型水冷堆等各类小堆均面临电力市场中的成本竞争。美国试图以小堆的模块化制造和应用来实现成本的降低，但美国国家科学院认为，目前尚不清楚该途径是否能减少总成本，可能只是将成本转嫁到支持制造的基础设施方面。同时，小堆的高燃耗燃料制造和后续处理、专门部件（泵、阀门）设计制造等因素也影响小堆规模化研发应用，给成本降低带来挑战。

（3）无核电国家成为近期出口的重点

安全性是影响无核电国家是否引进核电的重要考量因素。新加坡国立大学、东盟与东亚经济研究院等机构研究报告显示，无核电国家缺乏运行大堆的相关专业知识和人才队伍等基础，并且国土较小的国家难以控制和承受大堆相关事故风险的影响。低功率和低燃料装载量以及具有非能动安全系统的小堆，尤其是成熟度较高的小型水冷堆，更易于被政府和民众所接受。目前，美俄两国都大力推动向欧洲、东亚和非洲等无核电国家出口小型水冷堆。美国已确定在波兰、爱沙尼亚建设小型水冷堆，并推动向印度尼西亚、菲律宾等国出口。俄罗斯与缅甸、吉尔吉斯斯坦合作开发小堆，还将成立专门企业，向中东、东南亚和非洲等国家推广出口小堆浮动核电厂。

（4）美国急切推动首座小堆投运，提振核能信心

美国大型水冷堆面临核能市场竞争的严峻挑战。其 AP1000 大型压水堆自 2007 年出口中国以来，十余年间仅确定出口波兰；国内大堆建设项目也出现停建和拖期超概现象。此外，美国核能私营企业也受到大堆成本和现金流压力的影响。美国能源部将小堆作为核能未来发展的重点，提出要加强技术优势并推动出口。在能源部政策和资金等方面的大力推动下，各类小堆中水冷堆将最早投运并成为美国亟需的早期商业案例，支持美国尽早重建竞争优势。

（5）俄罗斯将小型堆视为北极战略的重要保障

俄罗斯注重北极发展，认为北极地区发展存在挑战和威胁，包括发电效率低，高科技和知识密集型经济增长放缓等。为保障北极利益、提高偏远地区发电效率，俄罗斯提出要采取必要措施建设 RITM-200N 示范电厂、开发 Shelf-M 等，同时确保小型模块化反应堆拥有广泛供应国内市场和出口的能力。目前，KLT-40S 运行所在地佩韦克、

RITM-200M 计划部署地点楚科奇等均位于俄罗斯联邦的北极地区，这代表俄罗斯正借助小型水冷堆，逐步推进其北极战略目标的实现。

3. 小结

美俄正在大力推动小型水冷技术发展，美国纽斯凯尔小堆、BWRX-300 小堆和俄罗斯 Shelf-M 微堆都实现安全特性上的升级，可实现不同程度下的自然循环冷却，并减少对运行人员和能动安全系统的依赖。美俄均以小型水冷堆作为出口的重点，尤其是将小型水冷堆作为打开欧洲、东亚、非洲等无核电国家市场的名片，包括俄罗斯小堆浮动核电厂、美国纽斯凯尔小堆等。

（中核战略规划研究总院
李光升）

三十、美国建成全球首座兆瓦级核能制氢示范设施

美国联合能源公司 2023 年 3 月 7 日宣布，全球首座兆瓦级核能制氢示范设施已于 2 月正式投入运行，这意味着美国在核能制氢商业化应用领域取得突破性进展。

1. 基本情况

全球首座兆瓦级核能制氢示范设施位于拥有两座沸水堆的九英里峰核电厂，使用耐欧氢能公司制造的质子交换膜电解槽（一种低温电解制氢技术），功率为 1 250 千瓦，每天能够生产 560 千克氢，主要用于满足该电厂的运营需求。该项目总计投资 1 450 万美元，其中 580 万美元来自美国能源部。

联合能源公司在美国多州运营着 13 座核电厂共计 23 台核电机组。九英里峰示范项目的成功将为该公司在其他核电厂大规模推广制氢技术奠定基础。该公司正在与氢能产业链各个环节的实体开展合作，准备参与多个区域性氢生产和配送中心的建设，并承诺 2025 年前投资 9 亿美元，用于核能制氢技术的推广应用。

2. 相关背景

绿氢可有效推动碳减排，是未来能源产业重要发展方向之一。与太阳能、风能等可再生能源制氢相比，核能制氢具有可连续运行、便于规模化生产等优势，是理想的绿色制氢技术。因此美国将核能制氢视为一条非常重要的技术路线：2020 年 11 月发布《氢能规划计划》，提出将推进氢能全产业链的技术研发，并宣布未来可能在现有核电厂建设商业规模的制氢中心；2021 年 6 月启动氢能攻关计划，目标是汇集各界力量，加速推进包括核能制氢在内的制氢技术研发，到 2030 年将绿氢的生产成本降至 1 美元/千克。

美国能源部迄今已为四个核能制氢示范项目提供资助：九英里峰核电厂项目的进展最快；另外三座制氢示范设施分别位于戴维斯-贝瑟、帕洛弗迪和普雷里岛核电厂，均将在 2024 年建成投运。戴维斯-贝瑟和帕洛弗迪均使用低温电解技术。普雷里岛使用固体氧化物电解槽技术，这一电解槽配备了电热蒸汽发生器，不仅能示范低温电解制氢，还能示范高温电解制氢。

3. 其他主要国家发展情况

俄罗斯正在推进两个项目：一是 2025 年在科拉核电厂建成一座年产 150 吨氢气的电解制氢中试设施；二是 2036 年启动高温气冷堆制氢。法国总统马克龙 2021 年 10 月宣布，为了利用核电这张“王牌”开展低碳制氢，未来将投资 23 亿欧元推动电解制氢技术的发展，包括到 2030 年至少建成两座百万千瓦级超级制氢厂。英国政府 2022 年 11 月宣布为相关企业提供近 50 万美元资助，就 2025 年在希舍姆核电厂建成一座兆瓦级核能制氢示范设施开展可行性研究。

4. 小结

为应对气候变化挑战并保障能源供应安全，加快能源结构绿色低碳转型已成为全球普遍共识。核能制氢是未来氢能经济体系中绿氢的理想来源之一。氢是一种绿色低碳、应用广泛的二次能源，对构建清洁安全高效的能源体系、实现碳减排目标具有重要意义。主要核电国家均高度重视这一领域的技术研发。核能作为安全、可靠、稳定、高效、环保、绿色的重要能源基荷，其与氢能的结合将使能源生产和利用的全过程实现无碳化，是推动经济高质量发展、保障能源供应安全、实现双碳目标的重要支撑。

（中核战略规划研究总院
伍浩松、李晨曦）

三十一、美国持续资助加快推进先进反应堆研发部署

美国国家科学院 2023 年 4 月发布报告《为先进反应堆在美国发展奠定基础》，将与在运轻水堆存在显著技术差异的动力堆——包括非轻水冷却堆和小型模块化轻水堆——定义为先进反应堆，概述了已制定并实施的先进反应堆研发支持计划，同时深入分析当前面临的挑战并提出应对措施，目的是加速推进先进反应堆研发部署，确保美国在这一领域处于全球领先地位。

1. 美国先进反应堆研发支持计划

对于先进反应堆，美国能源部设定了四方面要求：第一是无人/少人值守安全，即在事故发生后，在无人干预或少人干预的情景下就可确保安全；第二是多用途，即除发电外，还可以提供工艺热、海水淡化，并能够以负荷跟踪模式运行，弥补间歇式能源缺陷；第三是废物再利用和处置，即能够大幅减少需要处置的乏燃料数量，且部分技术能够对乏燃料进行再利用；第四是易于融资，即能够在工厂批量制造，造价较低。

美国能源部依照上述标准对先进反应堆开发商提交的资助申请进行审查，在多个计划下提供资金支持，以推进反应堆研发，包括：

一是 2013 年启动小堆成本共担计划。该竞争性资助计划周期为五

年，纽斯凯尔小堆作为唯一中选堆型共获得2.26亿美元资金支持。

二是2018年启动“美国先进核技术发展工业机会”计划。该计划于2022年10月终止，期间共开展12轮申请，为示范堆建设、核相关技术研发创新、有助于加快监管审查流程的技术研发和标准制订提供资金支持。

三是通过美国能源部下属能源先进研究项目机构开展多个先进反应堆技术准备计划。即在短时间内以少量资金开展特定技术研发，包括：2018年启动“计算机建模助力核能创新和复兴”计划，目标是提高先进反应堆技术的安全性和经济性；2019年启动“核电厂智能运行管理”计划，为数字孪生技术开发项目提供资金支持，以将下一代核电厂的运维费用降低90%；2021年和2022年分别启动“优化核废料和先进反应堆处置系统”计划和“将乏燃料中放射性同位素转化为能量”计划，旨在为先进反应堆开展乏燃料后处理和放射性废物处置相关技术研发。

四是2020年启动先进反应堆示范计划。开发商可通过三条途径提交总计40亿美元的资助申请。第一是“先进反应堆示范”，目标是在未来5至7年内建成2座示范堆。第二是“降低未来示范面临的风险”，将支持5种反应堆设计应对技术、运营和监管方面的挑战，以便将来进行示范。第三是“先进反应堆概念2020”，将支持有望在21世纪30年代中期实现商业化的创新型反应堆设计。

五是未来将启动高通量多用途钠冷快中子试验堆（VTR）项目。将用于先进反应堆燃料和材料的辐照考验、性能测试等。

2. 先进反应堆发展面临的挑战及应对措施

（1）技术

当前许多先进反应堆在技术成熟度方面面临挑战，涉及高性能燃料（高丰度低浓铀和先进包壳材料等）、干式冷却系统、非能动安全系统、固有安全性（堆芯几何形状设计和材料选择）、人工智能等设计创新。为解决关键技术问题，美国国家科学院提出两项措施。

一是基于三项指标对先进反应堆技术成熟度进行评估，包括尚待开展的技术研发工作、相同或类似反应堆（研究堆和原型堆等）的运行经验、反应堆安全实验的进展情况。经评估，美国技术处于中高成熟度的反应堆是小型模块化轻水堆、小型钠冷快堆和模块化高温气冷堆（出口温度小于 820℃）；处于中低成熟度的是大型钠冷快堆、熔盐堆（包括氟盐冷却高温堆和氟锂铍熔盐堆）、高温气冷堆（出口温度大于 820℃）以及微堆；成熟度最低的是气冷快堆和熔盐快堆。

二是借鉴轻水堆的研发流程推动先进反应堆技术研发。首先是研发阶段，需确保燃料、冷却剂和反应堆部件关键技术的工程可行性。其次是工程示范阶段，即建造采用相同设计但规模缩小的反应堆，以此验证整个反应堆的可靠性。再次是性能验证阶段，应通过示范堆获得运行经验，并确认该堆的规模可有效扩大。最后是商业示范阶段，建设首座商用反应堆以推进后续批量部署。

(2) 经济性

先进反应堆开发和部署需要降低成本以提升在能源市场的竞争力。作为资本密集型技术，反应堆全寿命周期成本通常分为资本成本（80%）、运维成本（15%）和燃料成本（5%），不同反应堆存在一定差异。先进反应堆面临的经济性挑战和采取的应对措施如下。

在资本成本方面，先进反应堆项目的厂址、设备、土建工程、劳动力以及融资成本等是关键影响因素。当前，由于研发和建造时间不确定，以及此前核电建设拖期超概导致的融资选择有限且利率较高，先进反应堆或将面临较高的资本成本。对此，美国提出：一是政府提供间接财政支持，即贷款担保、购电协议、税收抵免等；二是开发商在某一堆型的早期部署阶段，缩小规模以减少拖期超概等风险，以此拉动需求增加，提高投资信心，降低融资成本。

在运维成本方面，运营核设施所需的人员和材料（不含燃料）是决定性因素。美国将降低反应堆人力成本作为提高经济竞争力的重要手段，提出发展人工智能、大数据、虚拟现实等新一代数字技术与核电技术相结合产生的智能核电技术，包括：反应堆数字孪生技术、远程在线监测技术、智能自启停技术、预测性维护技术等。

在燃料成本方面，先进反应堆面临较大的不确定性，原因包括：一是与先进反应堆设计相关的燃料类型更加多样化，因此需开发多条燃料供应链；二是先进反应堆进入批量建设阶段前，无法保证产生足够的需求，且燃料在设计时提高了铀丰度，致使换料周期延长，增加需求的不稳定性，进而导致成本上升；三是多种反应堆设计将使用高丰度低浓铀，属于核管会管控的具有中等战略意义的特种核材料，因而有额外费用产生。为降低燃料成本：一方面，政府需首先对燃料设计进行选择，降低该领域研发成本；另一方面，在反应堆批量建设、燃料稳定需求产生前，政府应直接提供资金，支持供应链发展。

（3）监管方面

美国现行监管体系主要基于大型轻水堆技术，部分要求不适用于先进反应堆。一方面，先进反应堆技术安全性更高，在设计运行简化方面更具优势，现行法规标准增加了许可申请的审批时间和难度；另一方面，先进反应堆在燃料、冷却剂和慢化剂等方面的技术创新带来新的监管需求，如钠和熔融盐做冷却剂易出现腐蚀问题。

为应对这一问题，美国国家科学院就先进反应堆特征提出对73项监管要求进行调整，涵盖选址、燃料制造、反应堆设计、建造和运营、放射性废物处置等领域，在确保不对安全、环境和公共健康造成影响的前提下，制订适用于先进反应堆的法规标准体系。此外，各国标准法规体系的差异会影响先进反应堆在海外的部署，针对这一问题，美国国家科学院建议各国在保留监管权力的同时，加强沟通以避免重复、不必要的审查工作。

3. 小结

美国政府一系列资助计划有效推进先进反应堆研发。一是资助计划具有连贯性，保证了研发工作持续有效开展。二是向多种反应堆提供资金支持，在此过程中重视资金的分配比例，并统筹管理避免资助项目内容的重复。能源部对技术成熟度高的项目给予的资金支持力度相对较大，同时在制订计划时注意减少研发内容的重合，以提高资金利用率。三是重视核工业技术体系协调发展，并持续开展安全监管体系建设。能源部加快推进反应堆数字化转型，提升市场竞争力，同时投入资金用于标准的制订和监管审查流程的优化，有助于先进反应堆在技术成熟后部署速度的提升和规模的扩大。

（中核战略规划研究总院
李晨曦、马荣芳）

三十二、西屋电气公司加快建立全谱型核能产品体系

在全球减排和俄乌冲突的背景下，美国西屋电气公司（以下简称“西屋”）近年来加快了核能产品开发步伐。在大堆方面，西屋抓住俄乌冲突带来的“机会”，在东欧以及北欧等地区大力推广 AP1000 核电技术；在小型模块化反应堆方面，西屋在 2023 年 5 月发布了基于成熟 AP1000 反应堆技术体系与供应链体系的 AP300 小型模块化反应堆型号，加紧抢占小堆竞争高点；在微堆方面，西屋的 eVinci 微堆型号近 3 年来在研发、许可以及市场开发取得了多项进展，显示出良好的应用潜力。通过一系列战略布局与研发活动，西屋目前已经拥有 AP1000、AP300 和 eVinci 三个反应堆型号，初步形成了大、小、微的全谱型核能产品体系，正在积极拓展和抢占各类核能产品市场。

1. 开拓 AP1000 核电技术新市场

（1）AP1000 是西屋历经 20 余年开发的主打核能产品

AP1000 是西屋在已开发的非能动先进压水堆 AP600 的基础上开发设计的第三代（+）核电堆型，是一种先进的“非能动压水堆核电技术”。AP1000 据称是目前市场上唯一具有完全非能动安全系统、采用模块化结构设计以及每兆瓦占地面积最小的第三代（+）反应堆。

1991 年，西屋开始设计以“非能动性”为特点的 AP600，试图将

核电厂技术从经济效益和安全水平两方面都提升到一个新高度，保持自己在核电领域的技术领先优势。1998 年，AP600 获得美国核管会的“最终设计批准”，但随着世界电力市场的不断变化，核电新的目标电价降至每度 3 美分，AP600 已无法满足这个要求。为此西屋启动了 AP1000 的开发工作，目标是更便宜、更安全、更高效的核反应堆技术，以提升其在核电市场的竞争力。

2002 年 3 月 28 日，西屋向美国核管会（NRC）（以下简称“核管会”）提交了 AP1000 的最终设计许可申请以及标准设计认证申请。2004 年 9 月 13 日，西屋获得了核管会授予的最终设计许可（Final Design Approval）。

(2) AP1000 目前已经建成 6 台机组

2009 年，浙江三门核电一期两台 AP1000 机组和山东海阳核电一期两台 AP1000 机组相继开工。2012 年，美国核管会批准在萨默（VC Summer）核电厂和沃格特勒（Vogtle）核电厂分别建造 2 台 AP1000 机组的许可。2013 年 3 月和 11 月，萨默核电厂的 2、3 号机组分别开工，但是在 2017 年项目业主宣布停止两台机组的建设工作。2013 年 3 月和 11 月，沃格特勒核电厂 3、4 号机组分别开工建设。

2018 年 9 月和 11 月，三门核电厂 1、2 号机组分别投入商运。2018 年 10 月和 2019 年 1 月，海阳核电厂 1、2 号机组分别投入商运。2023 年 5 月，沃格特勒核电厂 3 号机组实现满功率运行，4 号机组已经完成热试，预计将在 7 月至 10 月间开始装料。

(3) 积极拓展 AP1000 核电技术市场

目前，中国和美国都已经批准过 AP1000 的建设与运行许可，英国核监管办公室（ONR）也已经通过了 AP1000 的通用设计评估（GDA）。在能源需求日益增长和减排战略的背景下，西屋抓住机遇，积极推广 AP1000 核电技术，目前在中欧、东欧以及北欧地区的推广工作取得了显著进展。

乌克兰。2021 年 9 月，西屋与乌克兰国家核电公司（Energoatom）签署了一项谅解备忘录，计划在乌克兰新建 5 座 AP1000 反应堆。2022 年 6 月，西屋与乌克兰国家核电公司签署了一项新的协议，决定将乌克兰新建 AP1000 反应堆的数量由原先的 5 座增加到 9 座。2023 年 6 月 14 日，西屋与乌克兰国家核电公司签订了一份合同，其中包括加快推进 9 座 AP1000 反应堆部署的内容。

波兰。2022 年 11 月，波兰政府决定选择西屋的 AP1000 技术建造该国的第一座核电厂。2023 年 2 月，西屋与波兰核电公司（PEJ）签署了一份关于在波兰建造 AP1000 反应堆的框架协议，其中涵盖 10 个主要领域的工作。2023 年 5 月，西屋、柏克德（Bechtel）公司和波兰核电公司签署一份合作协议，决定加快推进波兰第一座核电厂的设计工作。根据西屋与波兰方面达成的协议，该核电厂将建造 6 座 AP1000 反应堆，总装机容量为 6～9 吉瓦，其中核电厂将于 2026 年开始建造，第一台机组将在 2033 年投入使用，此后每台机组将在 2～3 年内投入运行。

捷克。2022 年 1 月，西屋与捷克 7 家公司在捷克工业和贸易部签署了关于在杜库凡尼（Dukovany）核电厂建造 AP1000 机组的谅解备忘录，2022 年 4 月，西屋又增签了 10 家捷克公司，使签署谅解备忘录的捷克公司达到 17 家。

保加利亚。2023 年 3 月，西屋与保加利亚方面签署了一份关于在科兹洛杜伊（Kozloduy）核电厂建造一座或多座 AP1000 反应堆的谅解备忘录，同时成立了一个联合工作组，评估法规、许可和设计要求，并制定简化的实施路径。2023 年 6 月，西屋与保加利亚方面签署了一份关于在科兹洛杜伊核电厂建造 AP1000 反应堆的前端工程与设计（FEED）合同，决定开始评估保加利亚的工业情况和科兹洛杜伊核电厂现有设施的情况。前端工程与设计合同的签署是交付 AP1000 反应堆的第一个步骤，意味着保加利亚 AP1000 项目迈出了实质性一步。

芬兰。2023 年 6 月，西屋与富腾工程有限公司（Fortum）签署谅解备忘录，以研究在芬兰和瑞典开发和部署 AP1000 反应堆项目的可能性。谅解备忘录为详细的技术和商业磋商建立了合作框架，为两国实施西屋反应堆项目奠定了基础。

2. 推出 AP300 小型模块化反应堆

2023 年 5 月，西屋推出了被其称为“游戏规则改变者”的 AP300 小型模块化反应堆。AP300 是 AP1000 反应堆的缩小版，据称是唯一真正基于大型在运反应堆技术的小型模块化反应堆。

（1）AP300 采用经过验证的技术体系和供应链体系

AP300 采用单回路设计，在主要设备、结构部件、非能动安全系统、燃料以及仪控系统（I&C）等方面采用与 AP1000 相同的技术。AP300 将利用 AP1000 的许可体系，并将利用西屋已经建立起来的供应链体系。

AP300 采用简化的、模块化的和超紧凑的核岛，从而可以大大降低建设成本，加快建设进度。AP300 配备多重安全系统，采用非能动安全体系，从而可以保证反应堆安全运行。

（2）西屋计划在十年内建成首台 AP300 机组

AP300 装机容量为 300 兆瓦，占地面积约为标准足球场的 25%，每台机组的目标造价为 10 亿美元。西屋计划 2027 年获得核管会的许可，接下来三年获得场址许可，之后再用三年时间进行建设，首台 AP300 机组预计将在十年内并网发电。

2023 年 5 月 9 日，西屋宣布已向核管会提交 AP300 的许可前监管参与计划（REP），该计划旨在为后续 AP300 许可申请工作提供支持。

该计划记录了 AP300 技术的基本设计理念、拟议许可办法以及预申请节点，概述了西屋决定与核管会工作人员一起开展的预申请活动，以征求核管会对重要问题的反馈。

(3) 西屋积极推广 AP300 技术

AP300 具有广泛的用途，不仅可以供电，而且可以应用于制氢、区域供热、海水淡化等用途。对于依赖小型燃煤发电厂的城市，AP300 可以取代甚至完全淘汰煤电。

最近，西屋对 AP300 的市场进行了广泛的调查，并与潜在客户开展了磋商。2023 年 6 月，西屋与富腾工程有限公司签署的谅解备忘录中包括了合作在芬兰等国家部署 AP300 反应堆的内容。

3. 加快 eVinci 微堆的开发与部署

(1) eVinci 微堆是具有广泛用途的可移动"核电池"

eVinci 微堆是西屋在空间反应堆研发基础上推出的创新型微堆，采用热管冷却，热功率 13 兆瓦，电功率 5 兆瓦。eVinci 微堆采用固体堆芯，使用三元结构各向同性（TRISO）燃料。

eVinci 微堆设计紧凑，可以完全在工厂建造、装料和组装，并可以通过标准运输方法运送到部署场地，在 30 天内就可以完成现场安装。eVinci 微堆一次装料可以满功率运行 8 年以上，部署场址内没有乏燃料，也不需要废物储存。eVinci 微堆可以自主运行，具有很高的可靠性，同时具有快速负荷跟踪能力。eVinci 微堆的退役比较简单，部署场址内不需要设立应急规划区域，部署场址的修复也非常简单。

eVinci 微堆既能发电，也能供热，可以广泛应用于离网场所、偏远社区、岛屿、工业厂区、采矿作业、数据中心、大学、船舶推进、制氢和海水净化等领域。可移动的 eVinci 微堆具有很好的灵活性，可以作为一次能源，也可以与诸如可再生能源之类的其他能源配合，形成具有弹性和韧性的能源体系。

西屋期望在 2024 年底前实现 eVinci 原型堆示范，并在 21 世纪 20 年代中期（2026 年）实现商业部署。

(2) eVinci 微堆的开发与部署取得多项进展

2020 年 10 月，西屋与加拿大布鲁斯电力公司签署了一份协议，计划合作在加拿大推广 eVinci 微堆。

2021 年 12 月，西屋向核管会提交了一份关于 eVinci 微堆的许可前监管参与计划，详细说明了西屋与监管机构在许可前将要开展的许可准备活动，以减少监管的不确定性并增加许可的可预测性。

2022 年 3 月，加拿大政府宣布通过战略创新基金（SIF）资助 2 720 万加元（2 160 万美元），支持西屋 eVinci 微堆的开发，推动该反应堆在加拿大的部署。

2022 年 5 月，西屋加拿大分公司与加拿大萨斯喀彻温省研究委员会（SRC）签署了一份谅解备忘录，双方将在萨斯喀彻温省联合开发 eVinci 微堆。同月，西屋与美国宾夕法尼亚州立大学签署了一份谅解备忘录，双方将开始讨论关于在大学校区建造 eVinci 微堆的问题。

2022 年 9 月，西屋与加拿大核安全委员会（CNSC）签署一项服务协议，启动对 eVinci 微堆的预许可供应商设计审查（VDR）。

2023 年 2 月，西屋在宾夕法尼亚州的瓦磁工厂（Waltz Mill）成功制造出长度约为 3.7 米的热管。该热管是同类产品中尺寸最大的热管之一，标志着 eVinci 微堆开发迈出了关键一步。

2023 年 6 月，西屋与太空机器人公司（Astrobotic）签署了一份谅解备忘录，决定合作开发空间核动力系统，其中西屋主要负责根据 5 兆瓦的 eVinci 微堆开发空间裂变核动力系统，太空机器人公司主要负责开发空间供电与配电系统。

4. 小结

西屋已经拥有AP1000大堆、AP300小堆和eVinci微堆3个反应堆型号，初步形成了具备大、小、微的全谱型核能产品体系。

在AP1000方面，中国建造的4台机组已经投入商业运行，美国建造的两台机组中其中一台实现满功率运行，另外一台即将开始装料。近3年来，西屋积极开拓AP1000核电技术市场，与乌克兰、波兰、捷克等国签订了多项关于新建AP1000反应堆的协议或者合同。

在AP300小型模块化反应堆方面，西屋已向核管会提交了AP300许可前监管参与计划，同时积极开展应用市场调研，并与芬兰富腾工程有限公司签署了关于在芬兰、瑞典等国部署AP300的谅解备忘录。

在eVinci微堆方面，西屋在关键技术研发方面取得重要进展，已成功制造出长度为3.7米的热管，并与美、加多个实体签署多项合作协议，加快推进eVinci微堆的许可与部署。

（中国原子能科学研究院
王新燕、龚　游、刘乙竹、宋敏娜、夏　芸、喻　宏）

三十三、美国 eVinci 热管反应堆进展情况

2023 年 2 月，西屋公司宣布向美国核管理委员会提交了意向告知书，推动 eVinci 反应堆获得许可。eVinci 反应堆是西屋公司设计的可移动微型反应堆，可为偏远社区、采矿作业和关键基础设施提供热能和电力。

1. eVinci 技术方案

eVinci 采用结构紧凑、技术成熟、可靠性高的开式空气布雷顿系统，反应堆电功率 5 兆瓦，最大热功率 13 兆瓦；采用三层各向同性碳包覆燃料（TRISO），可满功率运行 8 年以上；30 天内完成现场安装；具备快速负载跟踪能力；可靠性高，运动部件最少；具有自主调节作能力；应急规划区域占地面积小；现场无需乏燃料贮存或废物贮存；退役流程简化（见图 1）。

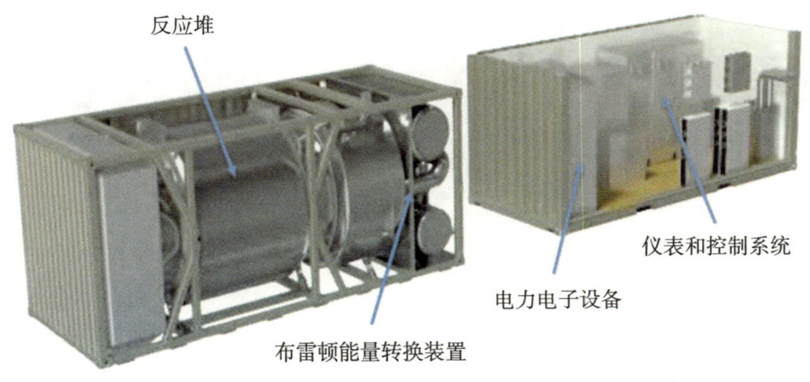

图 1　西屋公司 eVinci 微型反应堆示意图

eVinci 热管反应堆没有一回路，也没有机械泵、阀、大尺寸管道等。热管以非能动方式运行，压强较低（不到 1 个大气压）。每一根热管只含有少量的工质，且完全密封在钢热管中。热管内的等温蒸汽/液体流动，将热量从堆芯内的蒸发段传导到堆芯外的冷凝段，是将热量从堆芯传导出来的崭新方式。反应堆运行和安全停堆都不需要额外控制和外部电源，也不需要操纵人员干预，具有高度的自主性。

堆芯设计上采用一整块钢实体，热管和燃料芯块装入其中的通道中。堆芯中的每一根燃料细棒和 3 根热管相邻，提高效率和冗余性。衰变热还可以利用热管以及衰变热交换器排出。反应堆堆芯周围有径向和轴向反射层来提高中子利用率。反应性控制和停堆可通过堆芯周围的径向控制鼓实现，也可利用插入堆芯块体的停堆棒进行停堆。整个反应堆和能量转换系统由基于成熟仪表与控制系统的自主控制系统控制（见图 2）。

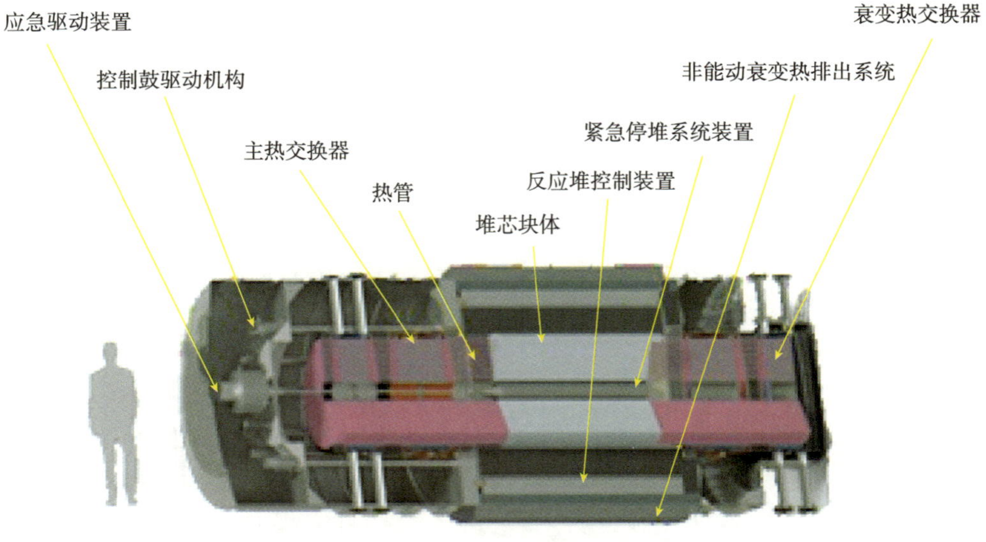

图 2　西屋公司 eVinci 反应堆系统

反应堆设有一台主热交换器，在热管堆芯外冷凝段构成环状管道，冷凝段末端有入口和出口腔。

eVinci 固有安全性高。堆芯采用负反应性反馈设计，在发生事故时有较高安全性。如果外部电源丧失，控制鼓会自动旋转到堆芯周围的高中子吸收位置，关闭反应堆。这种热管式整体化堆芯设计消除了许多传统的事故情况，如高压管道破裂或冷却剂丧失事故。

2. 研发进展

西屋公司在 2015 年开始研发热管型微堆概念，并与洛斯阿拉莫斯国家实验室（LANL）、爱达荷国家实验室、大学和工业合作伙伴合作开展研发工作。

2018 年，美国能源部授予 LANL 和西屋公司 150 万美元的合同，在 LANL 设计和制造首个热管灌装机（filling machine），并研究固体块状堆芯整体的制造方法。2018 年 6 月，西屋公司获得美国能源部能源先进研究项目机构（ARPA-E）的建模提升创新开拓核能振兴项目（MEITNER）下 500 万美元支持经费，重点研究热管、慢化剂、制造、仪表控制和工厂设计等关键高风险技术。

2019 年 3 月，美国能源部提供 1 290 万美元经费，为示范项目做准备，包括设计、分析、申请生产许可证、选址和测试。

2020 年，西屋公司完成 eVinci 反应堆测试设施建造，并制造首根钠热管。2020 年 3 月，美国国防部授予西屋公司 1 190 万美元的合同开展反应堆工程设计。2020 年 12 月，美国能源部宣布，在“先进反应堆示范计划”下，投资 3 000 万美元的初始资金，资助包括 eVinci 反应堆在内的 5 种先进反应堆设计的开发，促使其在未来 14 年内投入运行。该公司将与洛斯阿拉莫斯国家实验室、爱达荷国家实验室和得克萨斯州 A&M 大学合作，测试和制造热管和慢化剂组件，以便开发小型示范机组。该项目为期两年，支持西屋电气进行原型堆示范，在 20 年代中后期进行全面商业部署。

2021 年，西屋公司开展热管堆芯组件在工作温度下的电气演示。

2022 年，西屋公司完成材料兼容性测试及概念设计。

2023 年 2 月，西屋公司宣布在“先进反应堆示范计划”的支持下，成功制造约 3.7 米的热管，据美国能源部办公室称，该热管是目前制造的最长的热管之一，将用于支持该公司计划于 2026 年运行的核试验反应堆（NTR）。这一里程碑标志着 eVinci 反应堆的开发向前迈出了关键的一步。西屋公司将制造数百根 3.7 米长的热管，NTR 收集的数据将用于为 eVinci 反应堆的设计提供信息（见图 3）。

图 3　西屋公司制造的约 3.7 米长的热管

3. 许可证评估进展

2018 年 2 月，加拿大核安全委员会（CNSC）宣布对 10 种小型反应堆设计开展许可证评估前的供应商设计评估（VDR）。这些反应堆输出电功率在 3～300 兆瓦，其中包括西屋公司的 eVinci 微型反应堆。评估分三个阶段，第一阶段是符合监管要求评估，需要 12～18 个月；第二阶段是获得许可证的潜在根本壁垒评估，需要 24 个月；第三阶段是后续跟踪评估。

2021 年 12 月，西屋公司向美国核管理委员会提交了一份关于 eVinci 反应堆的预申请前监管参与计划（REP），详细说明了计划中预许可申请与监管机构的互动。REP 有助于反应堆开发人员与 NRC 工作人员的早期互动，可以减少监管不确定性，并增加先进技术的获得许可的可预测性。

2022 年 9 月，西屋公司与 CNSC 签署服务协议，启动对 eVinci 反应堆设计的预许可 VDR。西屋公司表示，它将作为一个联合计划来执行 VDR 的第一阶段和第二阶段，“标志着 eVinci 反应堆的设计和技术成熟度”。

2023 年 2 月，西屋公司宣布，已经提交了一项意向告知书，将 eVinci 反应堆的关键许可报告提交给美国核管理委员会和加拿大核安全委员会进行联合审查。上述两个机构在 2019 年签署了合作备忘录，以促进此类先进核能技术的技术审查。联合审查报告的主题包括一组通用的关键要求，用于 eVinci 反应堆的系统、结构和设备分级。此外，还包括确定 eVinci 反应堆跨境运输的要求，以及工厂试验和检查计划。2022 年 12 月，西屋公司向核管理委员会提交了 2 份专题报告，目的是尽早获得核管理委员会对技术和设计方面的批准。

4. 小结

eVinci 采用模块化设计，结构紧凑设计简化，可在工厂制造并装料组装，然后装在两个标准集装箱内运输到用户指定的场址。该设计整合了洛斯阿拉莫斯国家实验室开发的热管技术以及西屋公司在商业反应堆设计、许可和制造方面的专业知识。近年来，西屋公司 eVinci 技术在关键技术研发、许可证评估等方面都取得较快进展。

（中核战略规划研究总院
蔡　莉）

三十四、法国投资近 1 亿欧元支持六种小堆技术

核能是法国能源的重要支柱，核电占比多年来一直稳定在 70%左右。当前法国正在推进核能复兴计划，重点是加快小型模块化反应堆（小堆）的研发以及大型 EPR 的建设。在小堆开发方面，法国从 2019 年开始 NUWARD 堆的研发，并启动了“小堆前瞻研发”“创新核反应堆”等计划，重点支持多用途、创新型小堆技术研发。2023 年 12 月，法国能源转型部宣布 6 家小堆初创公司获得累计 9 610 万欧元（约 7.3 亿元人民币）的资助，以支持 3 种钠冷快堆、1 种轻水堆、1 种高温气冷堆和 1 种聚变堆共计 6 种小堆技术研发。这 6 种小堆技术涵盖了当今小堆的主要堆型，显示了法国小堆研发在延续传统技术的同时积极布局钠冷快堆等先进技术的整体思路，体现了法国深挖小堆应用新潜能、开拓小堆应用新场景的整体导向。

1. 法国正在实施核能复兴计划重点推进小堆开发和 EPR 大堆建设

2015 年 8 月，法国通过《能源转型绿色发展法案》，其中提出到 2035 年核电占比从 2015 年的 75%降低到 50%，最高装机控制在 6 320 万千瓦以内。近年来，欧洲能源供应持续紧张、价格居高不下，同时碳减排需求日益迫切，俄乌冲突又使得法国能源供应面临风险，在此

背景下核能重新引起法国政府的重视。

2021 年 10 月，法国宣布了总额为 300 亿欧元的“法国 2030”投资计划，提出了包括小堆开发在内的 10 大目标。该计划提出在 2030 年之前向核能领域投资 10 亿欧元，以开发“颠覆性技术”，特别是“更加模块化”和“更加安全”的小型核反应堆。2022 年 2 月，法国提出了“核能复兴”计划，重点包括三个方面：一是推进大型压水堆建设，法国将从 2028 年开始新建 6 个 EPR 核电机组，首台机组在 2035 年前投运，并在此基础上再新建 8 台机组，到 2050 年新增 2 500 万千瓦核电装机；二是加快推进小堆以及其他先进反应堆的开发与建设，在 2030 年之前建成一座小堆核电厂；三是启动现有核电机组延寿工作，计划将现有机组的运行寿命由 40 年延长至 50 年（以上）。

目前，法国共有 56 台核电机组，装机容量为 6 137 万千瓦，核电占比约为 70%。

2. 法国能源转型部资助 6 种小堆开发

2019 年 9 月，法国原子能和替代能源委员会（CEA）、法国电力集团（EDF）、法国海军集团（Naval Group）及法国原子技术公司（Technic Atome）开始联合开发 NUWARD 堆（压水堆）。2019 年，CEA 还启动了一项关于多功能模块化小型堆的前瞻性研发计划，研究小堆除发电以外的其他应用。2022 年 3 月，法国发布了“创新核反应堆”项目征集活动，并在 2023 年 6 月遴选出了首批两个资助对象，即法国 NAAREA 堆（熔盐快堆）和英国 NEWCLEO 堆（铅冷快堆），两个项目共同分享了 2 500 万欧元（约 1.9 亿元人民币）的资助。2023 年 12 月，法国能源转型部宣布资助 6 种小堆技术研发。

（1）JIMMY 高温气冷堆

JIMMY 堆由法国 JIMMY 能源公司开发，反应堆类型为高温气冷堆（见图 1），设计寿命为 10～20 年，热功率为 10 兆瓦或者 20 兆瓦，堆芯入口和出口冷却剂的温度分别为 300 ℃和 700 ℃。JIMMY 堆采用的冷却剂为氦，慢化剂为石墨，堆芯装载 19 个燃料组件，燃料为 UCO 三层结构各向同性燃料（TRISO），其中铀的富集度为 19.5%。JIMMY 堆采用 B_4C 控制棒，一回路采用强制循环模式，安全系统采用非能动设计理念。反应堆压力容器的高度和直径均为 5 米，重量为 15 公吨，核电厂占地面积为 150 平方米。反应堆运行期间不需要换料，燃料也不需要现场贮存。整体来看，反应堆结构紧凑，重量较轻，制造简便，运行灵活，而且具有固有非能动安全性。

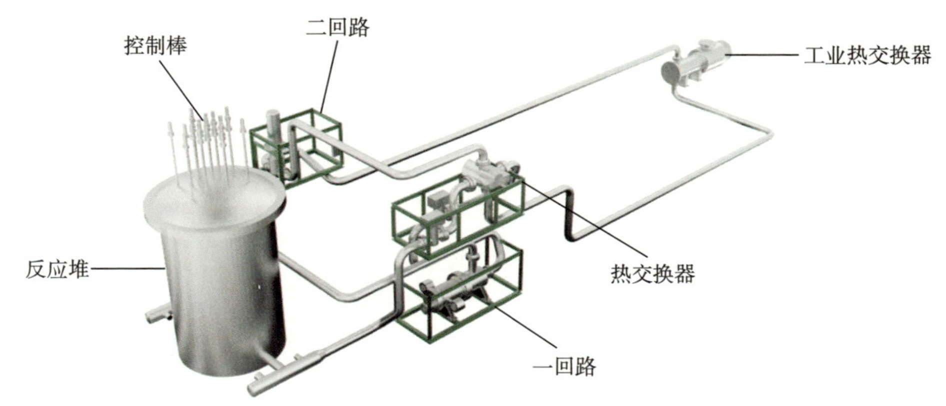

图 1　JIMMY 堆的基本设计

JIMMY 堆的主要用途是提供工业用热，它可以替代燃气热源，供应具有竞争力的低碳工业用热。吉米堆的首要目标是法国本土市场，特别化工等行业。在法国本土和国外实现工业用热的大规模应用之后，吉米堆将开辟新的用途，主要是区域供暖（例如办公室、居民楼）和制氢。

2021 年，法国创建了 JIMMY 能源公司。2022 年，JIMMY 堆完成了基本设计，并启动了首轮许可流程。目前（2023 年），JIMMY 堆正处于“详细设计”阶段，接下来将启动第二轮许可流程。2024 年，

JIMMY 堆将完成所有设计和评估工作，并计划获得设计许可，同时还将发布采购订单。2025—2026 年，JIMMY 堆将建成投运。

（2）Blue Capsule 钠冷快堆

Blue Capsule 堆由法国 Blue Capsule 技术公司开发，反应堆为钠冷快堆（见图 2），热功率为 150 兆瓦。Blue Capsule 堆采用 TRISO 燃料，使用的冷却剂为液态钠。Blue Capsule 堆为池式反应堆，堆芯放置在钠池中，钠采用自然循环的模式流动。Blue Capsule 堆建在地下，可以最大限度地防止任何外部危险，另外反应堆在大气压下运行，堆芯基本不可能熔化。

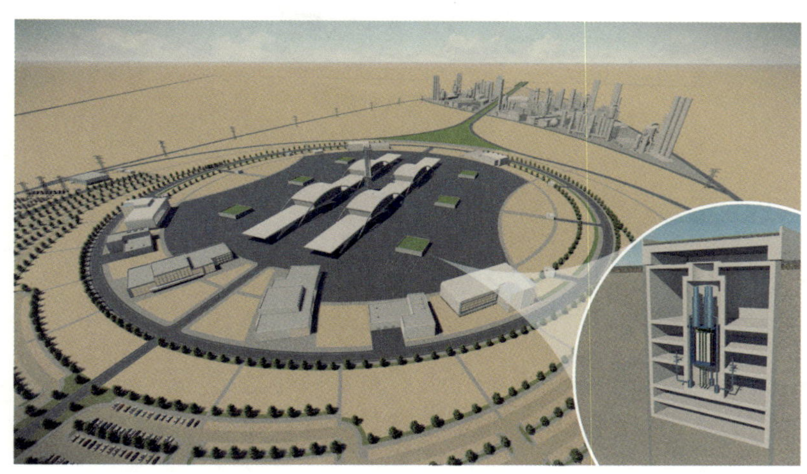

图 2 Blue Capsule 堆的基本设计

Blue Capsule 堆的主要用途是提供工业用热，它可以供应高达 700℃的工业用热。此外，Blue Capsule 堆还可以产生电力和高温蒸汽，广泛应用于碳酸钠、氨、氢的生产。

目前，该堆正处于基本设计阶段，预计 2030 年左右建成。

（3）Otrera 钠冷快堆

Otrera 堆是 Otrera 核能技术公司开发的一种钠冷快堆（见图 3），

运行寿命为 10 年，热功率为 180 兆瓦，电功率为 110 兆瓦，核电厂负荷因子可达 97%。反应堆采用 MOX 燃料，并采用短尺寸燃料组件。反应堆采用紧凑型不锈钢反应堆容器，并采用非加压钠回路和非能动冷却系统。反应堆采用非能动安全系统，通过抑制钠-水和钠-空气反应、设置 4 个密封屏障以及采用创新型安全控制系统等措施，大大增强了安全性，最大限度地降低了事故风险及其影响。

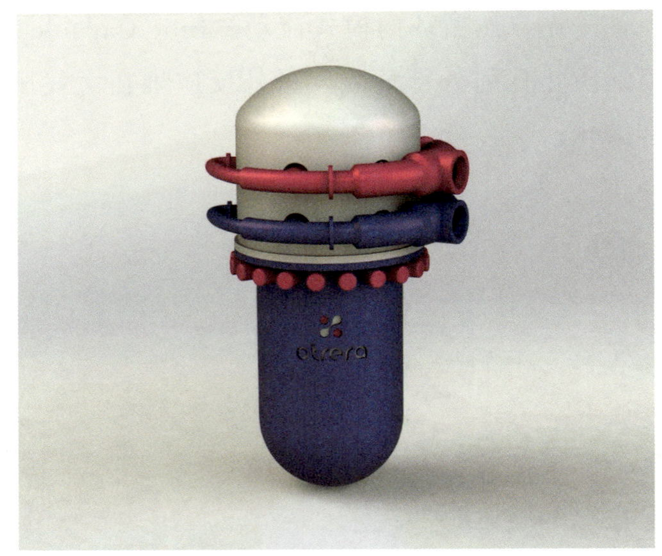

图 3　Otrera 堆的基本设计

该堆的主要用途是生产电力，此外还可以通过热电联产的方式供应热量，广泛应用于电力供应、工业供热、城市供暖、海水淡化和制氢等领域。

目前，该堆正处于基本设计阶段，预计 2030 年左右建成。

（4）Hexana 钠冷快堆

Hexana 堆是由 Hexana 技术公司开发的一种钠冷快堆，单个模块的热功率为 400 兆瓦，一个核电厂包括两个反应堆模块（见图 4）。Hexana 堆采用 MOX 燃料，燃料中的贫铀和钚将从法国 EPR 的乏燃

料中提取。核电厂还将建造高温储热设备，反应堆产生的热量将储存在 500 ℃的熔盐中。

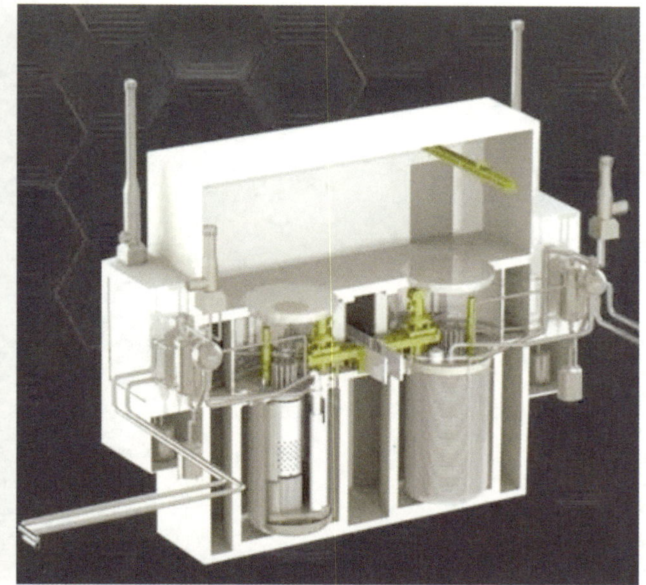

图 4 Hexana 堆的基本设计（左：单模块；右：双模块）

该堆的主要用途包括两个方面：一是供电，它将为地方电网和国家网络提供灵活的电力，以取代火电等化石能源，推动能源领域的脱碳；二是供热，它将为能源密集型工业提供热量，广泛应用到制氢、海水淡化、燃料合成等领域，推动整个工业领域的脱碳。

目前，Hexana 堆正处于概念开发阶段。根据初步计划，第一个机组将于 2035 年建成。

（5）Calogena 轻水堆

Calogena 堆是由阁热集团（GORG）旗下 Calogena 技术公司开发的轻水堆（见图 5），反应堆的热功率为 30 兆瓦。反应堆设计非常紧凑，堆芯尺寸不到 1 立方米。反应堆在低压和低温条件下运行，辅助系统数量非常有限，而且可以直接传输热量，这使得它在本质上比目前正在运行或计划中的任何反应堆都更简单、更安全。

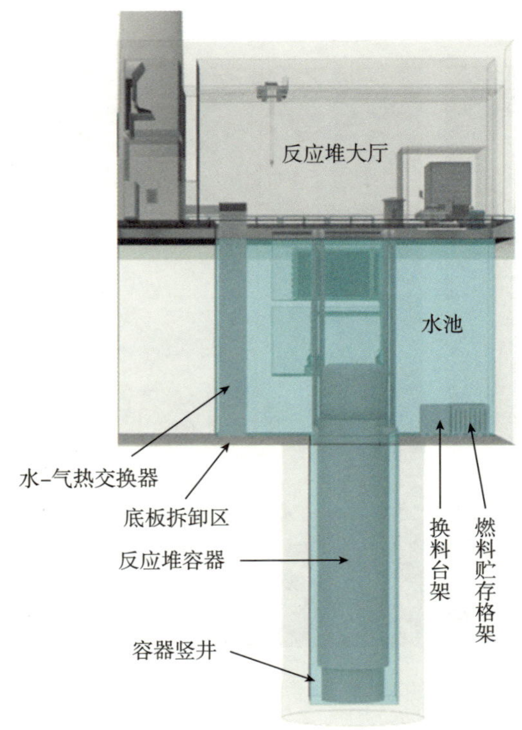

图 5　Calogena 堆的基本设计

Calogena 堆的主要用途是区域供热，单个模块提供的热量可以满足 12 000 户家庭的供暖需求。

该堆正处于设计阶段，根据计划将在 2030 年建成投运。

(6) 仿星器聚变堆

仿星器聚变堆由复兴聚变（Renaissance Fusion）公司开发，输出功率为 1 吉瓦。其通过构造一维或二维线圈以产生特殊形状的三维磁场［见图 6（左）］，通过三维磁场来约束等离子体。研发人员计划通过直接在大表面上沉积和蚀刻的方法制造高温超导体［见图 6（中）］，并将采用液态锂基层［见图 6（右）］以阻滞中子侵入固体材料、提取热量并转移到涡轮推进的蒸汽中、抵御核聚变产生的热流以及生产氚燃料。

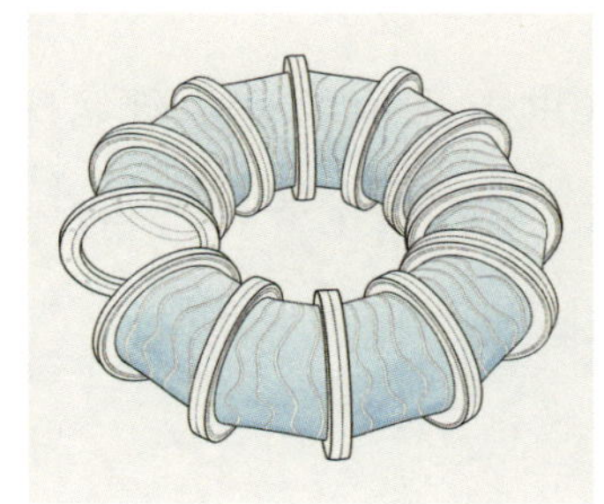
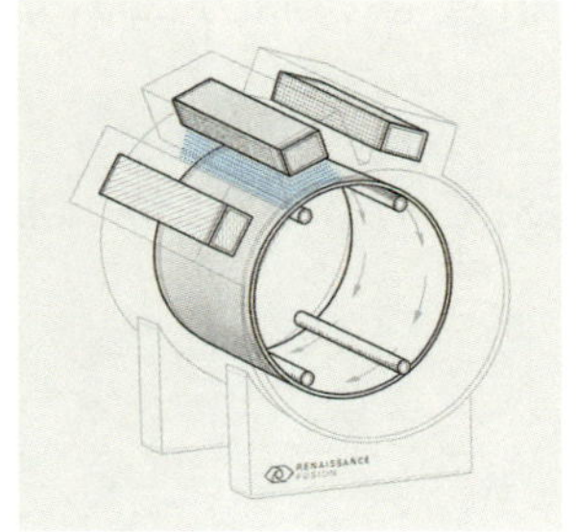
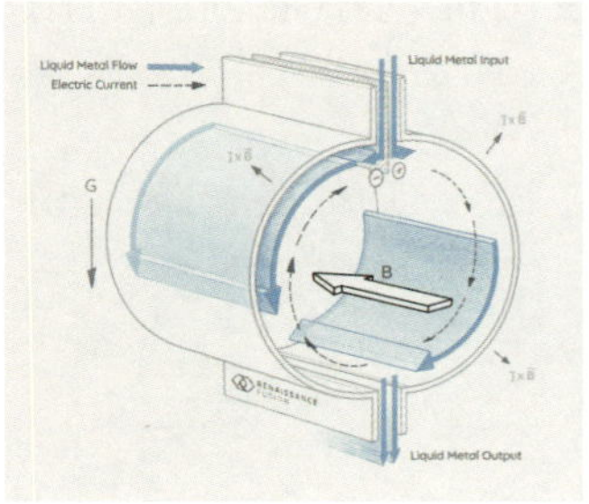

图 6　仿星器聚变堆的关键技术（三维磁场、高温超导体、液态锂基层）

目前，该堆还处于概念设计阶段。设计与建造包括以下节点：一是在 2024 年底之前，建造一个圆柱形核聚变示范装置，其中包括高温超导体-液态金属模块；二是在 2025 年以后，建立第一个高场（10T）、净能（$Q>1$）仿星堆装置；三是在 21 世纪 30 年代初期，升级加热和屏蔽装置，首次将电力接入电网。

3. 小结

法国当前正在积极推进核能复兴计划，重点是推进小堆研发和 14 座 EPR 的建设。在小堆方面，法国在 2019 年开始牛瓦堆的研发并启动多项小堆支持计划重点支持小堆技术研发。2023 年 12 月，法国能源转型部宣布提供 9610 万欧元资助 6 种小堆技术研发，其中包括 3 种钠冷快堆、1 种轻水堆、1 种高温气冷堆和 1 种聚变堆。这 6 种小堆涵盖了国际上正在研发的主流小堆技术，显示了法国小堆在延续传统技术的同时积极布局先进技术的总体思路。这 6 种小堆中有 3 种为钠冷快堆技术，显示了法国对钠冷快堆技术的重视以及继续布局发展钠冷快堆技术的意愿。在设计上，这 6 种小堆都具有不同程度的前瞻性和创新性，代表了当前国际小堆技术的新方向、新路径。在应用上，这

6种小堆瞄准潜在市场需求和用户需求，充分发挥核能提供综合能源解决方案的突出优势，强调新场景、多用途、多领域的应用，反映了法国推动小堆创新利用的新理念、新方法。

（中国原子能科学研究院
王新燕、龚 游、刘乙竹、宋敏娜、杨 涛、夏 芸、尹忠红）

三十五、日本选定示范快堆概念设计方案

2023 年 7 月 12 日，日本经济产业省快堆开发委员会战略工作组召开会议，宣布将三菱快堆系统公司（MFBR）提出的“池式钠冷快堆”作为示范快堆概念设计对象，堆芯设计兼顾氧化物燃料和金属燃料两种方案。另外，选定三菱重工作为核心企业，牵头进行设计研发和建造。根据日本快堆《战略路线图》，示范快堆具体的概念设计工作将于 2024 财年开展，在 2028 财年左右向基本设计和许可审批阶段过渡，并计划于 2050 年前投入运行。

1. 背景

日本内阁在 2018 年 12 月 21 日批准的快堆《战略路线图》中提出要通过私营企业间的技术竞争来评估快堆各堆型的优势。此外，日本在 2022 年 12 月 23 日修订的《战略路线图》中决定从钠冷快堆中选择堆型用于 2024 财年启动的示范堆概念设计，并将选定负责快堆设计和必要技术开发的制造商作为核心企业，按照政府制定的政策方向和发展目标推动技术开发。

经济产业省在 2023 财年为“示范快堆开发项目”划拨了 76 亿日元（约 3.8 亿元人民币）的新预算，经费来源为绿色转型（GX）支持经费。该项目旨在根据《战略路线图》开发适用于示范快堆的基础技

术，并推进概念设计。自2023财年起的三年期间，该项目预算总额为460亿日元（约23亿元人民币）。在2023年3月14日至4月21日期间，经济产业省开展了反应堆概念设计基本规格以及未来负责该反应堆研发和建造的运营商（核心企业）的公开征集工作，之后由经济产业省下设的"快堆技术评价委员会"对相关方案进行评估和选择，评估依据征集方案时附带的《快堆技术评价提案书应载明的内容及评价标准2023年版》进行，评估项目包括技术成熟度、商业化的市场前景等多方面内容。快堆技术评价委员会于2023年7月12日发布了《示范快堆概念设计反应堆概念规格和核心企业评估结果》报告。同日，经济产业省快堆开发委员会战略工作组召开会议，宣布评估结果并进行说明。

2. 评估结果

三菱快堆系统公司提出的"池式钠冷快堆"方案被选定为示范快堆的概念设计对象，另外选定"三菱重工"作为将来负责其设计和建造的核心企业。

此次概念设计选用的池式方案与先前"文殊"原型快堆所选用的回路式有所不同，池式广泛应用于法国、中国和印度等国家。池式钠冷快堆在概念设计过程中考虑了应对日本国内地震以及第四代反应堆国际标准的相关要求，虽然方案建议采用中型堆的输出功率，但该设计也可适用于小型堆和大型堆，并且大型堆的建造成本有望与轻水堆相媲美。此外，该方案计划通过国际合作来提高开发效率。在燃料方面将以氧化物燃料为主要选择、金属燃料为次要选择，堆芯设计方面将实现两者兼容。池式钠冷快堆示意图见图1。

三菱重工是三菱快堆系统公司的母公司，其基于参与"常阳"实验快堆和"文殊"原型快堆的开发和建造所积累的技术经验，在2007

图 1　池式钠冷快堆示意图

年被选为负责“快堆商业化研究”的核心企业。之后，三菱重工与 2007 年成立的三菱快堆系统公司合作，一直在推进面向商业化的快堆电站概念研究。2011 年以来，三菱重工基于福岛第一核电站事故的教训，向第四代反应堆国际论坛提出了安全性更高的钠冷快堆的方案，并与日本原子能研究开发机构（JAEA）共同领导开展全球安全要求标准化研究。在此经验的基础上，三菱重工还推动了日法间的国际合作，自 2014 年起与法国联合设计和研发下一代快堆，并对该项目成果进行了日本国内适用性研究。此外，三菱重工还在 2022 年与美国泰拉能源公司（TerraPower）签订了钠冷快堆技术合作备忘录，积极参与日美国际合作。除了加速推进研发工作外，三菱重工还拥有自己的钠试验设施，以推进技术提升和人才培育。

3. 评估内容

（1）综合评估

示范快堆概念设计对象。快堆技术评价委员会认为“池式钠冷快堆”适合作为概念设计对象，具体如下：在设计可行性和经济效益方面，该方案的实施过程和目标设定是明确可控的。在提高抗震能力、严重事故对策、降低成本、标准制定等问题上有足够的规划能力。通过采用中等输出功率（电输出 65 万千瓦），可以在大型堆的规模优势和小型堆的初始投资风险低中进行选择，并实现商业化。对于未来的商业化，特别是在选择具有规模经济优势的大型堆时，其可达到与其他电源竞争的水平，具备市场前景。

核心企业。快堆技术评价委员会认为“三菱重工”适合作为核心企业，进行概念设计并负责未来的建造，具体如下：三菱重工在日本快堆开发及相关国际合作方面拥有丰富的经验。作为快堆工程公司，三菱重工与旗下的三菱快堆系统公司合作密切，并且充分配合日本原子能研究开发机构的研发工作，可以较好地完成概念设计。三菱重工对当前快堆所需材料、设备、仪器等日本国内供应链的脆弱性有具体的了解，可以在维护和扩展供应链方面发挥核心作用，并为日本工业整体能力的提升做出贡献。三菱重工积累并传承了全面的工程能力，可由旗下各公司分担设计、建造、调试等任务，具备较高的执行力来承担快堆的研制工作。核心企业将根据产出目标和成果目标推进反应堆概念研发，以便在 2028 年左右判断能否过渡到基本设计和许可审批阶段。另外，为了在 2026 年左右进行燃料技术选择，需要根据氧化物燃料和金属燃料目前在燃料制造和后处理技术方面的技术成熟度和技术基础，制定技术发展规划并展望其未来前景，核心企业将通过开发必要的快堆循环技术并获取经验来推进研究。

(2) 2028 年产出目标和成果目标

“池式钠冷快堆”作为概念设计的堆型，应在 2028 财年完成如下目标。

技术成熟度：快堆和快堆循环基础技术的技术成熟度应达到技术示范阶段（TRL6）或以上。此外，要提出有助于快堆安全设计相关审批工作的评估草案。

经济性：大型堆电厂的成本评估应与轻水堆相当。连续运行时间 13 个月以上，运行率 80%以上，传输终端效率达 35%以上，设施寿命 60 年。在 1.03 的增殖比下，全部堆芯的平均卸出燃耗为 80 GWd/t。

放射性废物减容并降低潜在毒性：堆芯中的平均次锕系元素（MA）含量应在 3%（质量分数）左右，燃料组件中的最大 MA 含量不应超过 5%（质量分数）。

可持续性：在确保增殖比 1.03 的同时，考虑到钚供求的不确定性，堆芯结构方面应满足增殖比为 1.1 至 1.2 的需求。

灵活性：能灵活应对输出规模和场址条件。探讨可以与太阳能和风能等波动性可再生能源共存的运行方式（储热等）。

应对监管：明确关键问题，开展意见交流，为与监管机构进行讨论做好准备，并提出第三阶段后的研发计划。

成果目标：技术成熟度水平应能够判断是否可以过渡到第三阶段。在概念设计阶段将通过开发快堆和快堆循环技术重建供应链，提升第三阶段后的产业整体能力并促进就业。获取许可审批相关数据，以便为第三阶段后的业务运营体制方面提出建设意见。

维持和发展供应链：燃料组件、电磁泵、浸入式电磁流量计、钠净化系统和燃料装卸机等是钠冷快堆特有的技术，需要通过技术传承和人才培育等重建并维护供应链。为此，不仅要为示范快堆的概念设计获取必要的试验数据，还需要政府为示范快堆的原型设计、技术研究、设施设计和建造等相关业务规划提供支持。

4. 小结

根据快堆《战略路线图》，日本将在2024年开展示范快堆的概念设计工作。日本经济产业省下设的快堆技术评价委员会在征集的方案中选定三菱快堆系统公司的池式钠冷快堆作为概念设计对象，该方案采用65万千瓦的中等电输出功率，但也可以扩展应用于大型堆和小型堆，其大型堆的建造成本将与轻水堆相当。在燃料方面将氧化物燃料作为主要选择、金属燃料作为次要选择，以便在2026年左右进行燃料技术选择。另外，该方案针对日本的地震情况拟采用三维免震设计，以增强抗震性。在核心企业的选择方面，三菱重工由于丰富的快堆开发和国际合作经验，并且了解日本国内的供应链现状和问题等成功当选，将和三菱快堆系统公司一起开展示范快堆的概念设计研发，推进快堆的商业化进程。

（中国原子能科学研究院
刘乙竹、龚　游、宋敏娜、夏　芸、喻　宏）

核燃料循环

三十六、G7 五国加强核燃料供应链合作强化市场掌控力

2023 年 4 月 16 日，在七国集团（G7）部长会议期间，美国、法国、英国、加拿大和日本五国发布联合声明，明确将加强核燃料供应链合作，提高核燃料自主供应链韧性，减少西方国家对俄罗斯核工业的依赖。五国核工业在国际核燃料市场、产能、技术、资金中占据重要地位，随着合作深化，将进一步掌控国际市场，形成垄断地位。

1. 基本情况

联合声明目的是“去俄罗斯化”。近年来，以美国为首的西方国家与俄罗斯的关系持续紧张，针对俄罗斯实施多轮制裁，包括在能源领域逐步减少或禁止进口俄罗斯石油等。此次 G7 五国在核燃料供应链合作，是在核领域进一步推进“去俄罗斯化”的最新行动。

五国将采取两方面措施“去俄罗斯化”。英国政府表示，五国成立了核燃料联盟，并主要开展两方面工作。一是整合并加强五国核工业相关的资源和能力，确保自身能源安全。五国将合作加强核燃料供应链的深度和韧性，为在运反应堆机组提供稳定的燃料供应，确保未来先进反应堆燃料的供应安全。二是加强五国核燃料供应链对外合作，削弱俄罗斯在国际核燃料供应市场的控制力。五国将利用相关的资源

和能力，为第三方核电国家提供俄罗斯产能的替代选项，减少其对俄罗斯的依赖。

五国将整合其核燃料行业的市场、产能、技术、资金，在生产制造、研发创新等方面形成综合竞争优势，占据核燃料行业垄断地位。五个国家均是老牌核电国家，通过优势互补，其业务领域将覆盖核燃料全产业链。目前，五国拥有全球51%的核电装机容量（1.93亿千瓦）和全球11%天然铀储量，掌握了全球56%的铀转化产能，28%的铀浓缩产能，占据了超过50%的核燃料组件市场。在核燃料供应链合作方面，这五国还在哈萨克斯坦和尼日尔等国开发铀矿资源，并与铀资源储量最大的澳大利亚以及具备铀浓缩能力的德国、荷兰深入合作。

2. 小结

核能作为一种清洁、高效、低碳的基荷能源，在应对气候变化与碳中和方面发挥重要作用。俄乌冲突引发的严峻能源危机促使各国政府更加重视核能及其核燃料供应链的安全发展。五国加强核燃料供应链合作，形成核燃料产业联盟，既可抢占核燃料行业垄断地位，也可打击核领域最大对手俄罗斯，使国际核燃料市场面临深刻变革。

（中核战略规划研究总院
肖朝凡、戴　定、陈亚君）

三十七、美国参众两院共同支持《禁止俄罗斯铀进口法案》谋求铀浓缩产业“全面脱俄”

2023 年 5 月 24 日，美国众议院能源与商业委员会投票批准《禁止俄罗斯铀进口法案》（以下简称“《法案》”）。《法案》于 2 月 14 日正式提出，并于 3 月 9 日获得参议院支持。美国参众两院共同支持《法案》，彰显美国决策层谋求铀浓缩产业“全面脱俄”的决心。《法案》一旦实施，将加速全球核燃料市场格局调整进程。

1. 背景情况

(1) 美国本土商用分离功产能不足，核电行业低浓铀需求主要靠进口满足

根据世界核协会（WNA）的数据，截至 2023 年 5 月，美国在运核电机组 93 台，总装机容量 9 583.5 万千瓦，核电规模全球第一。表 1 是美国能源信息署（EIA）2023 年 6 月最新发布的美国核电行业铀浓缩服务采购情况数据。由表 1 可知，美国核电行业年分离功需求量约 14 000 吨分离功。欧洲铀浓缩公司（Urenco）位于新墨西哥州尤尼斯的铀浓缩工厂是美国本土目前唯一在运的商用铀浓缩设施，产能 4 600 吨分离功/年，不足以满足美国核电行业需求，需求缺口主要通过进口弥补。美国核电行业铀浓缩服务主要供应商包括俄罗斯国家原

子能公司（Rosatom，以下简称“俄原公司”），欧洲铀浓缩公司（德国、荷兰、英国），法国欧安诺集团（Orano）等。

表1 2018—2022年美国核电行业铀浓缩服务采购情况

（单位：吨分离功）

供应商国别	2018年	2019年	2020年	2021年	2022年
俄罗斯	3 473	3 087	3 220	3 953	3 409
德国	1 444	1 238	1 175	1 825	1 763
荷兰	2 864	1 367	1 885	1 583	1 303
英国	1 544	1 262	1 218	2 366	1 593
美国本土	4 979	5 289	4 132	2 736	3 876
其他	709	1 038	2 514	1 754	2 232
总计	15 013	13 281	14 144	14 217	14 176

(2) 美国核电行业对俄铀浓缩服务依赖严重

由表1可知，美国核电机组每年超过20%的铀浓缩服务由俄原公司提供。俄乌冲突爆发以来，美国政府对俄罗斯实施了一系列经济制裁，但一直未对浓缩铀进行制裁。2023年5月，《华尔街日报》报道称，在持续实施制裁的情况下，2022年美国仍从俄罗斯购买了价值10亿美元的低浓铀；由表1也可知，美国核电行业2022年仍从俄罗斯进口了3 409吨分离功。

(3) 美国已提前布局摆脱对俄铀浓缩的依赖

2020年4月，美国能源部发布《恢复核能竞争优势战略》，提出多项举措减少对俄铀浓缩的依赖：一是建立铀储备，直接采购浓缩铀；二是申请延长《俄罗斯暂停协议》，防止俄罗斯未来在美国铀浓缩市场进行倾销；三是出于国家安全考虑，可停止进口俄罗斯制造的核燃料。2022年2月，美国能源部发布《核能供应链深度评估报告》，评估了美国内低浓铀供应链现状与潜在风险。2022 年 3 月，美国政府与核电行业专门进行磋商，研究对俄原公司实施制裁的潜在影响。2022 年 5 月，能源部长格兰霍姆表示，该部门正在制定一份内容翔实的铀战略，确保美国境内铀的供应，摆脱对俄罗斯的依赖。

2. 《法案》主要内容

一是禁止。《法案》将在颁布 90 天后开始实施，除特殊情况，美国将禁止从俄进口低浓铀。

二是豁免。在以下两种条件下，能源部长可在与国务卿和商务部长协商后放弃禁令并实施豁免：确定没有其他可保障，美国核电公司和核反应堆持续运行的低浓铀来源；确定进口俄罗斯低浓铀符合美国国家利益。

三是豁免限制。即使豁免，《法案》也按年份对俄低浓铀进口量进行了限制，包括通过分离功单位合同获取的低浓铀，且不论是否源于武器级高浓铀，如表 2 所示。且《法案》规定，豁免将于 2028 年 1 月 1 日终止。

表 2　《禁止俄罗斯铀进口法案》俄低浓铀进口豁免量限制

年份	豁免量/吨
2023 年	578.877
2024 年	476.536
2025 年	470.376
2026 年	464.813
2027 年	459.083

四是适用性。《法案》规定，禁令不适用于：由能源部长与商务部长协商后确定的，出于国家安全或防扩散目的而签署的合同；非铀同位素。

3. 小结

2019 年以来，全球铀浓缩市场回暖，分离功价格持续攀升，特别是俄乌冲突爆发后，以低浓铀产品为主的核燃料市场价格和供需关系发生剧烈变动，对全球核燃料市场格局产生了深远影响。为应对对俄罗斯制裁而可能带来的能源危机，许多国家大力推动核电发展，分离功价格继续走高，为尤尼斯铀浓缩工厂产能提升营造了有利条件。美国《法案》一旦实施，将加速全球核燃料市场格局调整的进程。

（中核战略规划研究总院
仇若萌、马荣芳）

三十八、美国能源部加速布局高丰度低浓铀国内供应链

高丰度低浓铀（HALEU）是指铀-235丰度在5%～20%范围内，是先进反应堆开发和部署所需的关键材料，其燃料形式主要包括铀合金燃料、陶瓷芯块燃料等。2022年12月7日，美国能源部核能办公室（DOE/NE）宣布根据《2020年能源法案》成立高丰度低浓铀联盟，将其作为“高丰度低浓铀可获得性计划”的重要组成部分，为美国建立安全可靠的高丰度低浓铀燃料国内供应链提供支持。据估计，美国到2030年将需要超过40吨的高丰度低浓铀，但当前美国国内生产能力无法满足这一需求。因此，美国能源部正在探索三种解决方案：一是利用电化学处理工艺回收乏燃料中的高浓铀；二是利用混合锆萃取工艺（ZIRCEX）回收乏燃料中的高浓铀；三是通过开发、示范和商业化铀浓缩技术，建立长期可持续的高丰度低浓铀生产能力。

1. 高丰度低浓铀需求

(1) 高丰度低浓铀是美国先进反应堆示范计划的关键

先进反应堆系统在提供清洁能源、创造新的就业机会和建设更强大的经济方面具有巨大潜力，当前全球在设计和建造小型模块化反应堆以及大型非轻水堆方面竞争日趋激烈。美国能源部于2020年5月启

动了“先进反应堆示范计划（ARDP）”，目的是资助国内工业界加速美国先进反应堆的开发和示范，进一步加强美国在先进核技术领域的领导地位。

美国现有 20 多家开发商正在开发先进反应堆，大多数设计都需要使用高丰度低浓铀燃料。因为相比于铀-235 丰度小于 5%的传统低浓铀燃料，高丰度低浓铀中铀-235 的丰度在 5%～20%之间，可提供更长的堆芯寿命、更高的燃料效率和更好的燃料利用率，单位体积可产生的功率更大，能够使得大多数先进反应堆实现更小型化的设计。

(2) 美能源部和国内商业供应高丰度低浓铀能力十分有限

美国能源部根据 2020—2050 年先进反应堆部署时间表及总装机容量情况估计，2027 年先进反应堆首次示范将需要少量高丰度低浓铀，2030 年将需要超过 40 吨高丰度低浓铀，到 2050 年这一需求量将随着将达到约 520 吨/年，其中约 2/3 用于换料，1/3 用于启动新的反应堆。目前美国能源部和国内商业供应高丰度低浓铀的能力不足以支持先进反应堆的开发和部署。

首先，美国能源部国家核军工管理局（NNSA）的高浓铀（HEU）、高丰度低浓铀和低浓铀主要用于其国防和防核扩散任务，其大部分高浓铀储备用于海军反应堆计划和核武器库存，因此不能用于商用先进反应堆部署。库存中的其他高浓铀将分配用于供应全球研究堆和医用同位素生产设施，并满足关键的国防和太空需求。在考虑上述库存分配后，可用于商用先进反应堆高丰度低浓铀制造的高浓铀非常少，不足以满足先进反应堆示范和部署的近期需求。此外，将这些资源用于支持先进反应堆的示范和部署将危及重要的核军工和防核扩散任务。

其次，国内没有可靠的高丰度低浓铀商业供应来源，不能供应足够数量的先进反应堆燃料以满足近期示范需求。在当前国际环境下，美国能够从全球唯一高丰度低浓铀供应商俄罗斯国家原子能公司（Rosatom）获得高丰度低浓铀燃料的几率很低。一些开发商在无法获得这种燃料的情况下可能会被迫重新评估其先进反应堆计划，这可能会严重影响美国先进反应堆的开发和部署。因此，保障高丰度低浓铀的可靠商业供应是美国先进核技术供应链的最高优先事项。

2. 高丰度低浓铀可获得性计划

《2020 年能源法案》授权美国能源部通过核能办公室制定和实施一项“高丰度低浓铀可获得性计划”，以支持高丰度低浓铀用于国内民用研究、开发、部署和商业用途。该计划包括以下两项重要任务。

(1) 成立高丰度低浓铀联盟，开发稳定的高丰度低浓铀市场

美国能源部于 2022 年 12 月 7 日宣布成立高丰度低浓铀联盟，该联盟的宗旨包括：①向美国能源部提供关于国内商业用途高丰度低浓铀的需求信息；②购买高丰度低浓铀供联盟成员在该计划下用于商业用途；③根据该计划使用高丰度低浓铀开展示范项目；④确定可提升高丰度低浓铀供应链可靠性的可行机会。

该联盟成员包括来自美国铀浓缩、核燃料生产和其他从事燃料循环前段业务的机构，任何参与核燃料循环的美国实体、协会和政府部门，以及由能源部酌情决定其设施位于盟国或伙伴国家的组织。核能办公室以这种方式与联盟成员建立沟通机制，希望成员在先进核反应堆和相关基础设施的部署和商业化方面发挥关键作用。该联盟还将提供一个论坛，国防部可以通过该论坛与个别成员合作，支持高丰度低浓铀用于民用国内示范和商业用途。

(2) 开发高丰度低浓铀供应链，由少量生产到示范生产，最后实现商业供应

高丰度低浓铀将以各种化学形式存在于整个供应链中，例如氧化

物、六氟化物、金属，其商业部署需要考虑以下问题：是否需要额外的燃料循环基础设施或对现有基础设施进行升级改造；能源部与私营企业在包括但不仅限于采矿、转化、浓缩、运输和燃料制造等方面，所需采取的行动及其合作方式；需要考虑可行的运输方案、监管问题、财务挑战、人力资源等方面。

为满足国内高丰度低浓铀的需求，美国能源部正在探索以下三种解决方案：一是电化学处理回收高浓铀；二是混合锆萃取工艺（ZIRCEX）回收高浓铀；三是资助私营企业建立新的浓缩铀商业生产能力。前两种方案均是从现有乏燃料中回收高浓铀（丰度大于 20%），再进行稀释以制得高丰度低浓铀，但是产量较小，可用于暂时解决近期需求。第三种方案需要的时间周期较长、投入的资金量大，一旦实现商业化年产量将可达到近 1 公吨甚至更高，可以解决长期持续且大量的需求。

3. 高丰度低浓铀生产现状

目前美国三种高丰度低浓铀生产方案的现状如下。

(1) 电化学处理工艺（MET)

电化学处理方案由爱达荷国家实验室（INL）负责实施，原材料是在美国能源部实验增殖堆 EBR-Ⅱ上辐照过的高浓铀金属燃料。这些金属铀燃料经过辐照后产生了一些裂变产物和次锕系元素，需要去除这些元素后再进行利用。该方案将这些辐照过的金属铀燃料放入高温熔盐电解精炼装置中，从裂变产物和超铀元素中回收金属铀，采用真空蒸馏法从回收的铀中去除电解精炼盐，然后将经过清洗后的铀（丰度大于 20%）与低浓缩铀混合以制得丰度为 19.5%～19.75%的高丰度低浓铀。最后，通过高温加热重新定型回收的金属铀，并浇铸成剂量小、尺寸小、更适于操作的金属铀铸锭（一个约 3～7 千克），以支持加工成新的高丰度低浓铀燃料。

2018 年，爱达荷国家实验室通过 EBR-Ⅱ驱动燃料处理生产了 3.86 公吨潜在的高丰度低浓铀原料。当前正在进行处理的 EBR-Ⅱ驱动燃料预计将再生产 6 公吨，共可生产多达 10 公吨的高丰度低浓铀原料，用于支持与美国奥克洛公司（OkloInc）合作的 Aurora 微堆示范项目。美国能源部计划于 2028 年 12 月 31 日之前完成所有 EBR-Ⅱ驱动燃料棒的处理，2024 年 12 月可获得 5 公吨高丰度低浓铀原料。

(2) 混合锆提取工艺（ZIRCEX）

2019 年 6 月，爱达荷国家实验室计划采用混合锆提取工艺（ZIRCEX）进行高丰度低浓铀的全尺寸工程规模示范生产以支持先进反应堆部署。混合锆提取工艺处理的原材料是美国能源部管理的乏燃料，通过将乏燃料溶解在盐酸中，以基本去除核燃料的锆或铝包壳，再使用“非常紧凑、模块化的溶剂萃取系统”从裂变产物中提纯铀，然后将提取到的铀丰度稀释至 20% 以下，最后再进行固化和燃料加工。

该方案目前仍处于研究阶段，爱达荷国家实验室正在对未辐照材料进行小型试验，为新 ZIRCEX 工艺中试研究做准备。2022 年，首次利用未辐照锆燃料在材料回收中试厂（MRPP）中成功完成 ZIRCEX 工艺瞬时反应速率测试，该中试厂位于爱达荷国家实验室的材料与燃料综合体（MFC）内，下一步是进行辐照锆燃料的研究。阿贡国家实验室、橡树岭国家实验室和太平洋西北国家实验室也正在与爱达荷国家实验室合作开展该项目。

(3) 新浓缩铀生产线

2019 年 11 月，美国能源部和美国森图斯能源公司（Centrus Energy）签订了为期三年、价值 1.15 亿美元（2021 年 6 月美国能源部网站将数据更新为耗资 1.7 亿美元）的高丰度低浓铀示范项目合同，在俄亥俄州派克顿的美国离心机工厂部署一系列铀浓缩离心机，并通过级联方式利用浓缩六氟化铀气体生产高丰度低浓铀。在这项示范项目的基础上，美国能源部于 2022 年 11 月宣布继续为森图斯能源公司的子公司美国离心机运营公司提供约 1.5 亿美元的成本分摊奖励，用于制造和示范离心机浓缩级联。该奖项第一年将提供 3 000 万美元用于启动和运行 16 台级联先进离心机。

目前，该高丰度低浓铀示范项目已建造 16 台 AC-100M 先进离心机，并已完成大部分设施的制造和组装工作。预计在 2023 年 12 月 31 日前可示范生产 20 千克丰度为 19.75%的高丰度低浓铀，从 2024 年开始将以 900 千克/年的产能继续生产。成功实现示范生产后，AC-100M 技术将进行商业部署。

4. 小结

美国正在加快先进反应堆的示范和部署，而高丰度低浓铀是整个部署计划中最关键的材料。美国在短期内（到 21 世纪 20 年代中期）重点关注的核领域两大优先事项是高丰度低浓铀的供应安全和先进反应堆示范。美国通过《2020 能源法案》明确了实施“高丰度低浓铀可获得性计划”，构建了由美国能源部主导推动、爱达荷国家实验室等核领域国家实验室主要实施研究、核燃料供应商等私营企业积极参与的供应体系，统筹考虑近期和长远的供应需求，近期通过回收利用乏燃料来支持先进反应堆示范，长远通过加快布局重建国内铀浓缩能力，以支撑先进反应堆的运行和部署。预计到 2050 年，美国高丰度低浓铀年产约 520 公吨。

（中国原子能科学研究院
宋敏娜、龚　游、刘乙竹）

三十九、美国企拟建造200吨/年后处理试验设施

2023年10月13日，美国闪耀技术公司针对拟在威斯康星州建设和运营的乏燃料后处理试验设施，于正式许可证申请前，向美国核管理委员会提交了一份监管参与计划，并提出在年底前与美国核管会进行技术讨论。该设施采用了美国国家实验室研发的多项先进乏燃料后处理技术，包括氧化挥发首端技术、共去污分离技术和锕系-镧系元素分离技术。该公司预计在未来5～10年内建成该后处理试验设施。

1. 拟建设施基本情况

根据规划，闪耀技术公司拟建一座处理能力为200吨/年的水法后处理试验设施，占地面积约4 645平方米。该设施将用于处理轻水堆低燃耗燃料（35 000兆瓦·日/吨重金属），实现以下三个生产目标：一是回收铀钚，用于混合氧化物（MOX）燃料及后处理回收铀燃料的生产；二是从裂变产物中回收有利用价值的镎、锶、氪、氚和镧系元素等同位素及贵金属；三是回收待进行嬗变处理的次锕系元素镅和锔。

2. 采用的先进后处理技术及发展趋势

此次拟建设施采用的工艺流程结合了美国爱达荷国家实验室、太平洋西北国家实验室和阿贡国家实验室研发的多项先进后处理技术，

如氧化挥发首端技术、共去污分离（CoDCon）技术和锕系-镧系元素分离（ALSEP）技术。

（1）氧化挥发首端技术

该设施在首端剪切和溶解之间增加了氧化挥发首端技术，将在氧化氛围中煅烧已剪切的乏燃料元件，碘、氪、碳、氚、铯、钌等易挥发性或半挥发性核素将以气体形式全部或大部分去除。同时，UO_2 芯块将转化为易被硝酸溶解的、密度较低的 U_3O_8 或者 UO_3 粉末，芯块体积膨胀，从而实现包壳与燃料芯块的分离。氧化挥发首端技术具有便于挥发性放射性裂变元素的集中管理、降低溶解难度等优点，将大大减少后续分离流程的负载量和废液处理负担。氧化挥发首端技术有望为乏燃料后处理带来巨大改进，除美国外，俄罗斯的技术成熟度也较高，并在推进该技术的商业化应用。俄罗斯在建的后处理中试厂（250 吨/年）已采用了氧化挥发首端技术，可去除 99% 的氚，结合后续溶剂复用和废液蒸发、玻璃固化等技术实现废液的零排放，转变了后处理“脏”生产的特征，是对水法后处理技术的重大革新；同时，与传统机械剪切首端相比，其首端工艺设备布置更加紧凑，规模更小，实现了降本增效的效果，将为俄罗斯新一代内陆后处理大厂（1 500 吨/年）的建设提供技术储备和运行经验。

（2）共去污分离技术（CoDCon 技术）

该设施将采用 CoDCon 技术从乏燃料溶解液中分离铀钚。当今工业规模压水堆乏燃料后处理的主流工艺是 PUREX 流程（用萃取法回收铀和钚），CoDCon 技术是基于此进行改进的技术，共同萃取纯化铀和钚，最终产品包括铀钚混合物（可用于混合氧化物即 MOX 燃料的生产）、纯铀、镎（可用于生产放射性同位素电池的重要原料钚-238）。

目前，轻水堆乏燃料后处理流程的改进仍以 PUREX 流程为基础，旨在提高分离效率、减少废物产生量和核不扩散，美国、法国、日本、英国、俄罗斯等国均研发出了多种改进流程，在提高铀钚分离效率的同时，尽可能回收镎、锝，以提高铀资源利用率以及降低废物处置负担。

(3) 锕系-镧系元素分离技术（ALSEP 技术）

该设施将采用 ALSEP 技术对 CoDCon 流程的高放废液进行处理，该技术结合了美国长期研发的超铀萃取（TRUEX）和三价锕系-镧系元素的分离（TALSPEAK）技术，将次锕系元素及镧系元素分离出来，再回收镅/锔以待后续进行嬗变。高放废液核素分离是当前国际核科学技术与工程领域的前沿技术之一，其与后处理分离流程的衔接符合先进核燃料循环发展趋势。后处理和高放废液分离一体化流程不仅回收利用乏燃料中的铀钚，还分离其中的次锕系元素和长寿命裂变产物，因此，既提高了天然铀利用率，还大大降低了最终地质处置的废物量和处置时间。同时，后续进行嬗变所产生的热量还可以加以利用，更能满足先进核燃料循环发展的要求。国内外均提出了多个后处理和高放废液分离一体化流程，但距离实际应用还有一定差距，各种流程的分离效果、物流衔接和分离产品的处理方法等还需要进一步验证。

3. 小结

第一，美国商业后处理已停滞了将近 50 年，但是，针对先进后处理技术的研发从未停止，整体科研水平成熟度较高。近年来，美国制定多项计划、提供充足资金，全面推进先进核燃料循环技术的发展，并通过政府部门、科研机构、私营企业之间的合作，推动相关设施的建设和落地。第二，随着反应堆燃耗的不断加深，乏燃料中的成分更加复杂，给传统后处理工艺带来了极大的挑战。在后处理过程中引入高温氧化挥发首端工艺，可大大减少废液管理的工作量，简化后续流程，减少分离流程的规模。国际上已将该技术作为先进后处理技术的重要组成部分，美俄两国均在积极推动引入高温氧化挥发首端技术的后处理流程的工程应用。第三，从长远看，后处理和高放废液分离一体化流程可达到提高资源利用率、降低废物处置负担的效果。

（中核战略规划研究总院
赵　远、陆　燕、周家炜）

四十、法国总统首访蒙古国布局多元化铀供应体系

法国总统马克龙于 5 月 21 日访问蒙古国，是自 1965 年两国建交以来首位访蒙的法国总统。两国交流的重点议题围绕以能源为核心的经济合作。法国希望通过蒙古国供应的关键金属矿产来加强能源自主权。

目前，法国拥有 18 座核电厂，共 56 台反应堆机组，核电发电量占总发电量的 62.2%（2022 年），每年天然铀需求量约为 8 200 吨。法国计划在 2050 年前新建 6 台反应堆机组，并对另外 8 台新机组进行可行性研究。作为核电大国，法国的天然铀供应长期依赖进口。法国一直加强与蒙古国等新兴铀供应国家的合作，以开拓天然铀供应新渠道，并持续进行商业化后处理以补充二级市场铀供应，布局多元化的铀供应体系。

1. 法国全球寻矿开拓多渠道天然铀供应来源

1973 年第一次石油危机后，法国推出梅斯默计划，快速扩张核电，并开始布局多元化的铀供应体系。法国为满足核电厂燃料需求，成立了高杰马公司（COGEMA）公司，由法国原子能和替代能源委员会（CEA）控股。2001 年，高杰马和法马通合并为阿海珐集团

(AREVA)，再次业务重组后于 2018 年更名为欧安诺集团（Orano）。法国天然铀来源主要分为两类，一是法国本土以及法国在加蓬、尼日尔等西非国家具有较强掌控力的天然铀资源；二是在哈萨克斯坦、加拿大、澳大利亚等国以合资公司等方式获取的天然铀资源。

(1) 法国强势掌控的铀供应来源比重下降

在核电发展早期，法国为维持军事和经济的独立性，没有在国际市场上采购天然铀。除本土外，加蓬、尼日尔等法国前殖民地的西非国家成为法国早期重要的天然铀供应来源。随着开采导致的资源枯竭，这类法国具有较强掌控力的天然铀资源来源所占比重下降。法国愈发依赖于从国际市场上获得天然铀供应。

法国在本土共开采了 80 978 吨铀，铀资源几乎耗尽，只剩下资源品位很低，开采不经济的铀矿。1999 年后，法国没有在国内进行任何开采活动，并关闭了所有的铀矿。在加蓬和尼日尔独立后，法国通过合作协定，控制了两国的铀矿资产。法国在加蓬莫安达地区开采了 26 650 吨铀。1999 年由于资源枯竭该矿关停退役。在尼日尔，法国所持有的 COMINAK 地下开采铀矿因资源枯竭已于 2021 年 3 月停产，目前仅有 SOMAIR 露天铀矿在运，2022 年产量为 2 020 吨铀。

尼日尔常常面临社会和政治动荡，其政府和民间也多次批评与法国 1965 年签署的《尼日尔－法国合作协定》，要求收回对铀矿的控制权，法国在尼日尔的铀供应链持续受到影响。此前由于市场铀价低迷，以及法国在西非地区的影响力衰退，法国在该地区的勘探开矿步伐减缓。该地区在法国天然铀供应体系中的重要性下降。

(2) 法国在国际市场上开拓了广泛的天然铀供应渠道

20 世纪 90 年代后期，法国加大了国际铀勘探和开采，开拓了广泛的天然铀供应渠道。法国以合资公司的形式在加拿大、澳大利亚、哈萨克斯坦、乌兹别克斯坦、蒙古国、纳米比亚等国进行铀勘探，并在哈萨克斯坦和加拿大开展铀矿开采作业。此外，欧安诺还作为非运营商，在不同国家的多个采矿项目中参股。根据法国海关数据，法国近三年天然铀进口主要来自尼日尔、澳大利亚、哈萨克斯坦、乌兹别克斯坦、纳米比亚和加拿大（见表 1）。

表 1　法国 2020—2022 年天然铀进口数据

（单位：吨）

主要进口国	2020 年	2021 年	2022 年
尼日尔	602	3 154	2 990
澳大利亚	349	2 078	2 792
哈萨克斯坦	113	1 721	2 764
乌兹别克斯坦	—	1 951	2 515
纳米比亚	434	844	995
加拿大	3 232	0.3	152
其他	203	203.7	15
进口总量	4 933	9 952	12 223

作为天然铀消耗大国，蒙古国供应的天然铀将使法国现有的铀供应体系更加多元化。法国总统马克龙访问蒙古国，进一步推动了两国在铀矿开采方面的合作。蒙古国矿产资源储量丰富，其已查明铀资源量（开采成本小于 130 美元/千克铀）位居世界第十位（14.42 万吨铀）。蒙古国与澳大利亚相似，没有本国的铀需求，所开采的铀精矿主要用于出口。蒙古国希望复制澳大利亚“矿产立国”的发展轨迹。

先后共有 10 家公司在蒙古国开展了密集的勘探活动，目前仅法国的铀矿项目正在顺利开展中。法国和蒙古国的合资企业巴德拉克能源公司（Badrakh Energy），拥有珠维持敖包（Zuuvch Ovoo）以及杜兰乌尔（Dulaan Uul/Umnut）铀矿的采矿许可证。2021 年，巴德拉克能源公司开始对珠维持敖包铀矿进行地浸试生产，预计试生产期间将生产并出口 20 吨铀，未来项目年产能将在 1 000～2 500 吨铀。

2. 法国持续商业化后处理拓展二级市场铀供应渠道

法国商业后处理技术先进，二级市场铀供应如混合氧化物（MOX）燃料以及后处理回收铀（RepU）在法国多元化的铀供应体系中占据重要地位。法国电力公司（EDF）每年产生约 1 100 吨乏燃料，在阿格后处理厂进行后处理。其中，生产的 11 吨钚被制成混合氧化物燃料用于压水堆，生产的 1 045 吨后处理回收铀转化为稳定的氧化物形式，2024 年初首次用于压水堆核燃料。

法国梅洛克斯（MELOX）混合氧化物燃料制造厂的年许可生产能力约为 195 吨重金属（等效 1 560 吨天然铀），每年约 125 吨重金属（等效 1 000 吨天然铀）产品用于法国核电厂，其余部分根据长期合同安排交付到日本等国。

法国曾于 1994 年至 2013 年在克律亚斯核电厂中使用了后处理回收铀制造的核燃料，后由于生产过程中污水处理不合规以及后处理回收铀燃料价格昂贵而暂停。2018 年，法国计划重新在压水堆中使用后处理回收铀。目前仅有俄罗斯具有后处理回收铀的转化生产线。法国与俄罗斯签署了合同，由俄罗斯对后处理回收铀进行转化和浓缩，并在法国罗曼核燃料厂制成燃料组件，于 2024 年初开始用于克律亚斯核电厂。俄乌冲突后，法国仍多次通过货船从敦刻尔克港向俄罗斯运输后处理回收铀进行加工。但随着俄罗斯与西方关系持续紧张，该合同面临着终止风险。

3. 小结

法国作为核电大国，国内可开采铀资源耗尽，依赖进口满足核电的燃料需求。法国一直在拓展新的供应渠道，发展后处理技术，布局多元化的铀供应体系。随着全球应对气候变化，核能在碳中和进程中所发挥的作用愈发重要。俄乌冲突后，国际铀供应格局变化，天然铀价格持续上涨。蒙古国、乌兹别克斯坦等矿产资源丰富国家积极进行铀资源勘探、开发和出口，为法国等依赖天然铀进口的国家提供机遇。

（中核战略规划研究总院
肖朝凡、伍浩松）

四十一、澳企筹资推进化学铀浓缩技术研发

澳大利亚 Ubaryon 公司 2023 年 3 月完成增资扩股，获得奥卡沛资源公司 310 万澳元的投资，未来将利用这笔资金继续推进化学铀浓缩技术研发。作为交换，奥卡沛资源公司获得 Ubaryon 公司 19.9%的股权，成为该公司最大单一股东。

1. 基本情况

Ubaryon 正在位于悉尼卢卡斯高地的实验室开展化学铀浓缩技术研究。这一技术基于 2015 年在涉及废物处理的环境测试期间观察到的铀同位素分离现象——这是一种天然铀的同位素化学分离过程：在铀浓缩过程中不需要加热、冷却或加压；能够使用现有商业设备完成设施建设；在安全性、环境保护和经济性方面均可能优于现有浓缩技术。该公司已将其技术申请专利，澳大利亚保障与防扩散办公室从 2018 年开始将其技术归类为需要加以保护的知识产权。由于该技术的信息披露受到澳保障与防扩散办公室和国防出口管制办公室的管控，相关技术细节未对外披露，因此目前无法对该技术的可行性进行评价。

Ubaryon 已获准拥有和使用核材料，包括使用铀开展相关研究，并取得多项重要成果：观察到具有“统计学意义的浓缩因子”，是日本

和法国以前开发的化学浓缩技术的10～30倍；完成以多级方式进行产品回收（这是大规模生产浓缩铀所必需的）的概念证明。该公司目前的研发主要聚焦于实现四个重要里程碑：一是示范多级运行能力；二是获得铀-235丰度为1%的浓缩铀产品；三是建造和运行试验台架；四是开展生产工艺的经济性和性能评价。

2. 相关背景

铀浓缩是核燃料循环体系中不可或缺的关键环节之一。在全球核工业发展史上，曾开展过数十种铀浓缩技术的研究，最终只有两种技术实现了大规模工业化应用，即气体扩散技术和气体离心技术，第三种技术即分子激光铀浓缩技术有望在近期实现商业应用。气体扩散技术是第一种实现大规模工业化应用的铀浓缩技术。气体离心技术后来逐步取代气体扩散技术，目前已成为市场主流。美国全球激光浓缩公司2022年8月宣布，已在澳大利亚完成首个全尺寸激光系统模块的验收测试，该模块将运至美国北卡罗来纳州威尔明顿，用于建设激光铀浓缩示范设施。该公司计划在2025年前后建成示范设施，最快2027年建成商业铀浓缩设施。

日本和法国曾利用铀-235和铀-238在氧化还原反应化学价变化方面的微小差异，开展化学铀浓缩技术研究，并建设了中试设施。日本曾利用中试设施生产了17千克铀-235丰度为3%的浓缩铀。但由于技术和经济性方面的原因，两国均于20世纪90年代停止了相关研究。

3. 小结

Ubaryon的化学铀浓缩技术研究基于一种天然铀的同位素化学分离过程，该过程中不需要加热、冷却或加压，能够使用现有商业设备完成设施建设，在安全性、环境保护和经济性方面均可能优于现有浓缩技术。如果 Ubaryon 技术实现工业化应用，一是将简化产业链，二是降低核材料生产的技术门槛，可能对全球防扩散带来新的挑战。

（中核战略规划研究总院
伍浩松、孟雨晨）

核 聚 变

四十二、全球核聚变供应链面临的机遇和挑战

2018 年成立的聚变行业协会（FIA）是一个由来自美国、英国、加拿大、德国、法国、瑞典、日本等国的 37 家私营核聚变技术开发企业和 69 家供应商组建的非营利组织，总部位于美国华盛顿特区，致力于加强聚变企业同政府部门的协调合作，推动核聚变商业化应用。2023 年 5 月，FIA 发布《聚变产业供应链：机遇和挑战》报告，基于对 26 家聚变企业和 31 家供应商的调研，评估了全球聚变供应链产值空间、关键需求和突出问题，并提出若干发展建议。

1. 供应链市场规模和关键需求

虽然聚变项目大多处于理论研究、方案设计和实验室探索等初步阶段，但 FIA 的调研显示，全球聚变企业 2022 年的供应链采购支出已经超过 5 亿美元，流向见表 1。

表 1　2022 年全球聚变供应链产值分布

项目	比例/%
非聚变专用的专业部件	36.39
原材料	31.83
承包工程	17.04
聚变专用部件	4.06

续表

项目	比例/%
商业通用部件	3.73
软件	3.32
专业服务	1.95
施工承包	1.29
燃料	0.39

业界认为聚变即将从实验室研究走向市场应用，许多聚变企业计划在未来 10 年内陆续建设实验堆和示范堆，然后大规模建设商用堆。FIA 研判至建设首座聚变示范堆时，每年的供应链支出将达 70 亿美元；预计聚变产业将在 2035—2050 年间进入成熟期，届时每年的产业链支出将达到数万亿美元。此外，2021 年彭博社预测聚变产业总值可达 40 万亿美元。

FIA 调研的 26 家聚变企业中，48%采用磁约束聚变路线，24%采用磁惯性约束路线，8%采用惯性约束路线，8%采用非高温式激光聚变路线，其余采用静电约束、μ 介子催化聚变、磁-静电混合约束等技术路线。因技术路线存在差异，受访企业所需的关键产品和服务有所不同，总体情况见表 2。

表 2　26 家聚变企业反馈的关键产品和服务需求

关键产品和服务	当前需求企业数量	认为目前存在供应问题的企业数量	认为十年后此项需求将大幅增长的企业数量	认为未来会出现供应问题的企业数量
真空泵	24	—	14	6
精密工程和制造服务	24	3	14	4
控制软件	21	—	12	3
功率半导体	20	5	12	8

续表

关键产品和服务	当前需求企业数量	认为目前存在供应问题的企业数量	认为十年后此项需求将大幅增长的企业数量	认为未来会出现供应问题的企业数量
氘、氚等气态聚变燃料	19	3	13	8
人员招聘	19	—	13	6
特种金属（如优质钢）	17	—	12	5
普通金属（如镍、铜）	16	—	6	5
工程、采购和建筑企业	16	—	13	4
热管理技术	14	—	13	7
天然锂	14	—	10	5
第一壁材料	14	3	11	6
法律服务	14	—	8	3
低温设备	13	—	10	7
磁铁	12	4	10	—
射频加热	10	—	7	3
浓缩锂	10	—	8	—
高温超导材料	9	4	10	4
激光器	6	—	5	5
稀土金属	6	—	7	7
激光组件（如二极管、激光玻璃）	5	—	5	3

对于上述关键产品和服务需求，19.2%的受访聚变企业通过购买通用材料和部件并自行组装自主解决，61.5%的企业部分依赖专业供应商，19.2%的企业严重依赖专业供应商。

2. 突出问题和应对思路

FIA 调研发现，受访企业普遍反映聚变供应链存在三方面挑战。

一是难以兼顾扩产能与控风险。多数聚变企业认为供应商要扩大产能规模、提升供货速度、降低产品成本才能满足未来聚变大规模应用需求。由于新建产能需要时间，聚变企业希望供应商提前规划和尽快投资扩大产能，避免未来因供应短缺影响聚变快速普及。虽然多数供应商认为聚变会成为一个重要的产业，能够为他们带来巨大的发展机遇，但聚变落地应用的时间存在不确定性，而且并非每一种聚变技术路线都会成功，所以马上扩大产能将面临较大投资风险。供应商希望聚变企业提前与其签订长期供货合同，为其建立可以抵消风险的财务金融机制，并与其加强沟通和信息共享。

二是面临地缘政治风险。面对当前的地缘政治环境，许多受访对象认为国际关系和地缘政治对聚变产业规模化发展具有重要影响。特别是，美国和欧洲的聚变公司认为，某些具有地缘政治风险的国家在部分稀有原材料和专业技术产品方面占据垄断地位，担心这些国家可能会利用其垄断优势，迫使聚变制造业在其本土发展，或对聚变领域的重要技术实施管制。

三是供应链创新性不足。部分聚变企业指出，一些供应商是在政府资助聚变项目的扶持下成长起来的，虽然他们拥有成熟的技术，但往往安于既有环境、习惯照章行事，创新性较弱，不能对新的变化和需求作出快速响应。聚变企业多为创业公司，对于创新性和反应速度具有很高要求，需要传统聚变供应商与之加强衔接协调，更好适应彼此。

对于促进聚变供应链更好发展，FIA 提出六方面建议。

一是增加对聚变企业投资。许多聚变企业获得的资金仅能支撑其自身短期运营，供应商根本无法得到长期订单保障。社会资本和政府部门应该明确聚变长期投资规划，重点在概念堆验证和示范堆建设阶段加强对聚变企业的支持。政府还应采取财政补助、税收抵免、融资担保等此类已应用于其他清洁能源行业的激励措施，鼓励对聚变产业链投资，帮助供应商更有信心扩大产能。

二是探索风险分担机制。为了保证供应商投入巨资建设的产能能够获得合理回报，需要各方建立风险分担机制。业内“垂直整合”是一个重要的方式，即聚变企业的投资方也要向配套的供应商投资，可直接投资，也可由聚变企业入股供应商的方式间接投资。这样还便于供应商深入了解聚变企业的预期需求和风险水平，为发展新技术和建设新产能作出更好的商业与融资决策。此外，政府应采取措施，确保政府投资和官方机构开展的聚变项目同私营聚变企业有机合作，避免无序竞争。

三是建立全球性供应链交流机制。组建连接聚变企业和供应商的全球性组织，建立收录聚变企业和供应商信息的数据库，及时根据需求和能力变化对数据库进行更新。这样可帮助供需双方更好建立联系，利于促成更多合作，能够快速响应不断变化的需求，及时克服瓶颈问题。此外，应组织年度交易会、推介会、在线网络研讨会等线下线上交流活动，帮助供应商了解聚变企业需求，促成聚变企业和供应商建立长期可靠的合作伙伴关系。

四是借鉴利用其他行业的经验和能力。汽车产业是供应链全球化的典型。车企通过零部件的标准化和模块化，与一级供应商建立了牢固的关系；通过允许供应商深度参与解决方案制定，推动供应商加强创新。因此要与其他行业加强交流，邀请他们参加聚变供应链活动，学习借鉴其成功经验。此外，航空航天等行业的企业在某些技术和制造方面具有独特优势，可用来为聚变产业服务，所以应该积极向他们宣介聚变产业的巨大机遇，吸引更多其他行业从业者参与进来。

五是合作制定行业标准。由于目前的聚变研发多停留在实验室阶段，聚变企业需要和供应商提供的多为定制化产品与服务，标准化不足既增加了成本，也不易于推广。聚变规模化发展需要业内专业机构加强合作，协同制定行业标准，标准框架的建立将极大有利于提升行业发展速度，扩大产业增长空间。

六是完善监管体系。目前的裂变核能监管要求非常严苛，如果将其用于聚变监管，可能产生多种不利影响，许多聚变企业和供应商可能因此退出聚变业务。因此，FIA 建议并正在推动政府建立既能保护公众健康和安全又利于支持创新的监管体系，对商业聚变采取不同于裂变的监管方式，甚至将聚变监管与裂变监管永久彻底分离。

3. 小结

受益于科学、技术和工程能力的长期积累和持续进步，受控聚变落地应用曙光已现，全球掀起一轮聚变研发热潮。美国政府持续资助受控聚变研究，组织各方合作加速聚变商业化进程。以美国企业为主的私营企业也纷纷涌入聚变研发，带来了大量资本和人才，提出了多种创新性技术路线，为未来十年设立了非常乐观的发展目标，并已面向聚变规模化发展，布局供应链建设。

（中核战略规划研究总院
付　玉、马荣芳）

四十三、美国发布聚变能商业化国际战略

2023年12月5日，美国总统气候问题特使约翰·克里在第28届联合国气候变化大会（COP28）上宣布，将启动聚变能商业化国际战略，与国际伙伴携手合作，推动聚变能技术持续进步。在此之前，美国12月2日发布《聚变能新时代国际伙伴关系》文件（简称“文件”），全面阐述通过强化国际合作加速聚变能商业化进程的总体战略与举措，明确提出五大目标，涵盖科研合作、市场培育、监管协调、人才交流培养、公众科普教育等维度。这些目标高度契合，构成一个系统性国际合作框架，为开展全方位、多层次聚变能国际交流与协作指明了方向。

1. 文件主要内容

文件指出，拜登政府高度重视应对气候变化，正在大力推动聚变能等清洁能源技术的发展和应用。过去60多年，国际聚变能研发界一直保持紧密的协作传统。继续加强国际合作，对于发挥聚变能的巨大潜力至关重要。近年来聚变研究获得各方关注和推动。全球对聚变能初创公司的私人投资额已超过60亿美元。科研工作持续推进的同时，在示范和商业化方面已取得阶段性进展，预示着聚变能即将迎来一个新时代。这凸显各国进一步加强互利合作的紧迫性。公私伙伴关系和

及早协调监管政策，将有利于聚变能商业化。因此，文件提出了聚变能国际合作的五大目标，包括加强国际科研合作、推动全球市场发展、协调国际监管框架、培养全球聚变技术人才，以及提高公众对聚变能的理解和接受度。这些目标共同构成了一个全面的战略框架，明确了未来国际合作的具体领域。

第一，实现关键基础设施合作利用或共同开发。一是通过强有力的知识产权保护和执法，推动在双边、多边以及公私合作伙伴关系中的合作与竞争；二是开放或共同利用造价高昂的聚变能研究设施，以解决关键科学和技术问题，并加速推进聚变能示范和商业化应用；三是采用适当的技术保护和激励措施，防范掠夺性经济行为；四是共享利用先进数据科学的数据框架，作为推动聚变科学和技术发展的关键基础设施。

第二，培育未来全球市场。一是明确对聚变能发展至关重要的支持技术、制造能力和基础设施，包括绘制当前和预期的全球供应链图；二是探索建立共同的基准和标准框架；三是与相关行业组织、联合体和非政府组织加强合作，助力了解和满足聚变能商业化的市场需求和社会参与需求；四是使跨国公司能够从在本国之外开发的关键技术中获益并发挥积极作用，促进跨国技术共享和合作。

第三，协调监管框架。一是对主要伙伴国家和国际组织相关经验进行比较研究，就技术和政策问题建立共同立场，以支持聚变能监管框架和出口管制框架的协调；二是采用网络或面对面研讨会、技术咨询和实地考察等方式，对新入行者进行能力培养，包括安保、安全、许可、监管、选址等；三是就聚变能安保和不扩散框架进行国际协调，为聚变能实现全球大规模商业部署提供有力支撑。

第四，建设和加强多元化全球劳动力培养通道。一是在国际会议、研讨会和其他场所分享最佳实践、教育资源、监测方法和评估结果等，帮助各国奠定坚实的人才基础；二是促进学生和专业人士的交流，使来自聚变能各领域的人员能够相互学习；三是建立一支多元化和包容性的员工队伍，促进聚变能的广泛参与；四是采用公私合作方式实施培训计划，支持短期和长期人才培养。

第五，加强公众教育和参与。一是在联合国气候变化大会、国际热核聚变实验堆（ITER）、国际原子能机构、国际能源署等国际机构会议，双边或多边会议，以及基层活动中，将聚变能作为气候危机和能源安全挑战应对方案的组成部分，加以宣传；二是推动公共和私营实体参与，使他们充分了解核聚变技术的独特好处和风险；三是鼓励全球能源和环境正义组织参与，在整个发展过程中推进包容性创新，以确保聚变能惠及所有社区。

2. 聚变商业化的机遇与挑战

(1) 聚变能已成为国际研发热点

近年来，受益于长期研究的积累及相关科学技术的进步，聚变能已成为国际研发热点。国际原子能机构已宣布将组建全球聚变能工作组，并计划于2024年召开首次会议。该工作组将汇聚科学家、工程技术专家、监管机构代表、私营企业代表、政策制定者和金融家等各方力量，加速聚变能从实验室走向示范和商业化应用。截至2023年，全球已涌现40多家私营聚变能研发企业。它们分布在12个国家，融资总额超过60亿美元，且研发的技术各异，极少有多家公司致力于同一种技术研发。其中20多家企业乐观地认为，首座聚变电厂有望在2035年之前并网。为推进聚变能研发，许多企业已投资新建或计划建设聚变研究设施。根据国际原子能机构公布的数据，2024年初，全球有144座在运、在建和计划建设的聚变研究设施，包括在运98座、在建13座和计划建设33座。其中，110座由政府投资建设，33座由私营企业投资建设，1 座由公私合资建设。

(2) 主要国家高度重视聚变能发展

主要国家正在积极采取行动，大力推进聚变能相关研究。一是发布或制订国家战略，明确聚变能发展方向，并创造有利的政策环境。美国政府宣布将牵头制订未来十年商业聚变能发展战略；英国、日本、韩国发布聚变能发展国家战略或长期计划；德国发布立场文件，表示将创建适于聚变能发展的生态系统。二是设立专项计划，提供针对性支持。美国已启动“基于里程碑的聚变研发计划”，并于 2023 年 5 月宣布将在该计划下向 8 家聚变公司提供总计 4 600 万美元资助，用于在未来 18 个月完成聚变试验电厂预概念设计并制订技术路线图。英国和德国政府 2023 年 9 月均宣布将加大对聚变能研发的资助：前者决定在 2027 年前投资 6.5 亿英镑实施一份新的聚变能研究计划；后者宣布将未来五年聚变能研发资助额增加 3.7 亿欧元，使其总额超过 10 亿美元。三是启动聚变设施监管框架建设，降低监管不确定性。美国核管理委员会已决定将采用不同于裂变堆的监管框架对聚变设施实施监管。英国 2023 年《能源法》要求英国成为全球首个为聚变能发展制定专门监管法律的国家。

(3) 聚变能商业化面临重大技术和工程挑战

一是需要更好地了解“燃烧”等离子体特性。迄今为止，等离子体研究主要基于由外源加热的等离子体，仅美国国家点火装置创造出利用聚变反应能量供热的“燃烧”等离子体。因此对“燃烧”等离子体的科学理解大多来自计算机模拟研究，未得到实验验证。**二是现有材料无法长时间承受聚变工况。**研发出能够长期承受聚变电厂高温、强磁场、强辐射等极端工况的先进材料，是聚变能实现商业化应用的重要前提。**三是面临复杂的系统集成问题。**聚变电厂是一个复杂系统，需要应对一系列工程技术难题，例如从等离子体中提取聚变副产物，创建易于维护和更换的面向等离子体系统。鉴于这些挑战的难度，部分专家认为聚变能商业化无法在短期内实现，可能还需要数十年时间。

3. 小结

全球已掀起一波聚变技术研发热潮，部分企业宣布首座聚变电厂将在未来十年并网发电，美、英、韩、日、德等国政府宣布将为聚变研发提供政策和资金支持，大力推进聚变能相关研究，以期在这场全球竞赛中占据先发优势。然而，聚变能商业化面临重大技术和工程挑战，不容忽视。

（中核战略规划研究总院
伍浩松）

四十四、美国企宣称首座5万千瓦聚变电厂将于2028年投运

美国Helion能源公司2023年5月10日宣布与微软公司签署供电协议。根据该协议，Helion能源公司的首座聚变电厂将于2028年以5万千瓦或更大电功率对外供电。届时，该电厂将成为全球首座并网发电的聚变电厂。

1. 基本情况

Helion能源公司正在开展以氘和氦-3为燃料的“反场构形”等离子体对撞聚变技术研发，其发电过程共分为五步：一是在整体呈圆柱形的装置两端分别将氘和氦-3加热到极高温度，形成等离子体，并在磁场作用下保持“反场构形”；二是在磁场驱动下，等离子体从两端以每小时160万千米的速度向中央移动，并在中央位置发生猛烈碰撞；三是在碰撞发生时，使用强大磁场进一步压缩等离子体，直至达到引发聚变反应所需的高温；四是氘和氦-3发生聚变反应，释放大量聚变能，使等离子体在磁场约束下沿着轴向膨胀；五是沿轴向设置的磁流体发电机利用霍尔效应，将等离子体动能转化为电能，同时完成反应产物的冷却和两端排出，然后开始下一轮循环。

相对于其他聚变技术，Helion能源公司的技术有三点优势：一是

使用“反场构形”等离子体对撞触发聚变反应，有助于克服最严峻的物理学挑战，并能够根据需求调整输出功率；二是可以直接生产电力，无需使用传热介质及相关能源转换设备，有利于提高能量利用效率；三是氘-氦-3聚变反应产物中无中子，放射性小，反应过程易于控制。这三个优势均有助于实现聚变电厂小型化，并降低发电成本。该公司的目标是建成发电成本为每千瓦时1美分的聚变电厂。

Helion能源公司迄今已筹集6亿美元资金，建成了六台原型聚变发生器，其第六台发生器“特伦塔”于2021年6月实现超过1亿℃的等离子体温度，该公司因此成为全球首家实现这一里程碑的私营企业。第七台发生器“北极星”已于2021年7月在华盛顿州埃弗雷特正式启动建设，将于2024年实现聚变反应的净能量输出，并示范利用氘-氘聚变反应生产氦-3的能力。

当然，也有聚变业内人士对Helion的基于氘-氦-3反应在2028年实现核聚变发电持高度质疑态度，其主要依据是实现氘-氦-3聚变要比实现氘-氚聚变困难得多。

2. 相关背景

聚变能具有燃料丰富、清洁、安全性高、能量密度大等突出优点，被视为终极能源，能够帮助人类社会解决能源问题、助力可持续发展。但实现聚变能商业化需要解决大量技术和工程难题，被美国国家工程院评为人类社会在21世纪面临的14大科技挑战之一。聚变装置的建设和运行具有技术难度大、资金投入高等特点，以前通常由各国政府出资，私营资本极少参与。

近年来，受益于长期研究的积累及相关科学技术的进步，私营资本看到了聚变能商业化的曙光，开始大举进军这一领域。全球已出现30多家专门开展聚变技术研究的私营企业。这些企业截至2022年7

月已募集约 50 亿美元资金，并投资建设了一批聚变装置。根据国际原子能机构公布的数据，截至 2024 年初全球有 144 座在运、在建和计划建设的聚变研究装置。

3. 小结

一是新设计方案有望加速推进聚变能商业化。目前主要包括强磁场托卡马克、弹丸聚变、“反场构形”等离子体对撞、“磁化靶”等。二是主要国家启动聚变技术研发竞赛，美国、英国、韩国和日本等国政府近期均宣布将进一步加大投入，以期在这场全球竞赛中占据先发优势。三是聚变技术有望助力军用和空间动力革命性突破。小型聚变装置可为空天、海洋各种武器装备平台提供源源不绝的动力，大幅提升武器装备的技战术性能，进而改变未来战争规则。小型聚变装置还可作为未来深空探测器的主要推进装置，大幅提升空间探索能力和范围，推动人类航天事业发展。

（中核战略规划研究总院
伍浩松、孟雨晨）

核基础与应用技术

四十五、美国新版规划明确未来十年核科技创新重点

2023 年 10 月 4 日，美国核科学咨询委员会发布《发现新时代：2023 年核科学长期规划》（以下简称《规划》）。《规划》整理了自 2015 年上版规划发布以来各事项的进展情况，介绍了当前核科学的最新发展前沿及其在国家安全、能源、医疗等领域的应用，并提出了未来十年核科学研究、设施建设和人才发展相关优先事项。《规划》将为能源部的拨款与国家科学基金会的资助提供指引，最终目标是确保美国在全球核科学领域的领先地位。

1. 发布背景

美国核科学咨询委员会是根据《联邦咨询委员会法》创立的机构，负责为能源部和国家科学基金会提供基础核科学研究方向的官方建议。该委员会自 1979 年起每 5～8 年发布一次长期规划。2022 年 7 月，核科学咨询委员会启动了新版《规划》的编制工作，通过开放投稿信箱、举办交流论坛等方式广泛收集学术界的意见，并邀请了数十名知名核物理学家主持文件的编写，最终由国家安全委员会审批并正式发布。这也是核科学咨询委员会在该领域发布的第八版长期规划文件。

2. 主要内容

《规划》全文共包括 12 章，主要由学科发展情况、研究支持措施以及当前重点任务三部分组成。

(1) 学科发展情况

当前发展前沿。经过几十年的发展，核科学已经成为一项复杂、庞大的学科。《规划》梳理了当前核科学发展的前沿方向，将目前正在开展的研究按量子色动力学、原子核结构和核反应、核天体物理学、基本对称性划分为 4 个领域，介绍了当前开展的重点项目，包括利用托马斯杰斐逊国家实验室连续电子束加速器（CEBAF）探究粒子的夸克和胶子结构，利用布鲁克海文国家实验室的相对论重离子对撞机（RHIC）探究粒子的自旋，推进大型强子对撞机（LHC）实验项目等。最终目的是在物理学标准模型之外开辟新的理论，探寻宇宙、物质起源等终极问题的答案。

其他新兴技术的重要作用。核科学与大量新兴技术的协同与交叉进一步推动了技术的发展与创新。《规划》认为，加速器与传感器技术、人工智能与机器学习技术、高性能计算技术以及量子传感与量子计算技术是与本领域关联性最强的四项技术。其中加速器与传感器技术为核科学研究提供了重要的平台；人工智能与机器学习技术、高性能计算技术是开展量子色动力学模拟、利用从头计算方法计算核多体问题、开展大规模数据分析的重要工具；量子传感与量子计算方法的性能将远超传统方法，同样对核科学研究有着重要的促进作用。

研究成果转化应用。核科学研究获得的各种成果已在多个领域实现了应用，这些应用也能够为研究工作进一步提供动力。《规划》整理了核科学成果在国家安全、医疗、环境、能源、材料、微电子技术领域的应用情况。为了加强研究成果的转化，美国制定了美国核数据计

划（USNDP）并建立了国家核数据中心（NNDC），开展核科学研究数据的管理工作，允许相关行业的机构、企业访问数据库并实现有效利用。

（2）研究支持措施

提高经费预算。《规划》整理了 2015—2022 财年核科学研究的经费情况，并评估了未来十年预算波动对领域发展可能造成的影响。《规划》认为，2015 年以来，能源部提供的资金集中用于确保 4 座国家加速器设施的运作，也取得了大量关键的研究成果，但较低的总经费水平导致大量其他重要科研项目延迟或取消。未来十年内，若《芯片与科学法案》授权的经费能够如数拨付，则将能够使更多项目获得投资，推动领域蓬勃发展，为美国创造新的战略机遇，但若法案经费无法兑现且预算总额无法得到提升，美国可能将失去核科学领域的领导地位，导致国家利益受损。

建设研究设施。研究设施是开展核科学研究的重要平台。自 2015 年上一版长期规划发布以来，美国建成了 FRIB 实验设施，将 CEBAF 能量从 6 GeV 提高到 12 GeV，并为 RHIC 开展的 PHENIX 实验建造了先进粒子探测器。后续的核心任务是在布鲁克海文国家实验室建设电子-离子对撞机（EIC）。《规划》将美国现有的核科学研究设施分为国家加速器设施、高校加速器设施、中子实验装置、低背景辐射设施、计算设施、其他研发设施等，并介绍了这些设施对于科学发展和技术进步起到的关键作用。

发展人才。人才是核科学事业发展的核心。《规划》指出，预计到 2050 年美国将增加 10 万个核技术岗位，而目前接受核科学教育和培训的人数不足以满足高校、实验室、工厂和其他部门的劳动力需求。未来，美国将加强宣传，向大众以及大学预科生介绍核科学的内在价值和社会效益以吸引人才，强化本科、硕士研究生、博士研究生阶段的教学以提升人才素养，并提供更高水平的薪资与更加开放包容的环境以留住人才。

（3）当前重点任务

增加核科学研究经费投入。《规划》建议未来十年应进一步增加经费投入，以支持现有研究设施的运行和维护并投资更多科研项目，为更多的科学发现创造机会。研究经费还将用于增加科研人员的薪资与补贴，以巩固人才队伍，提升美国的核科学研究与技术创新能力。

推进无中微子双β衰变实验研究。物质与反物质的性质是当前物理学界的重要研究课题，无中微子双β衰变实验将能够证明中微子是其自身的反粒子并确定中微子的产生过程与质量，是解决这一难题的关键线索。《规划》建议美国将这一实验列为优先事项，并大力促进国际交流与合作以推进这一实验的开展。

推进电子-离子对撞机（EIC）的建设。EIC能够将高能极化电子束与重离子、极化质子和极化轻离子碰撞，并在飞米尺度上进行粒子的三维成像，探究质子的产生过程、特殊性质和在高能量、高密度环境下可能发生的新现象。《规划》建议美国将EIC的建设列为优先事项，通过该设施的科学探索巩固美国在核科学和加速器技术领域的领先地位，并在工业、医药和国家安全领域取得更大进步。

推动核科学研究成果转化。《规划》强调了核科学研究成果转化的重要性，建议通过跨领域投资等方式推动成果应用，以满足国家需求并带来更大的社会效益。

3. 小结

《规划》聚焦高性能计算、惯性约束聚变、高能物理、核物理、激光等领域，强调增加核科学领域经费投入、强化领域建设的重要意义。《规划》认为，先进的研究设施是美国维持核科技领域世界领先的前

提，高素质的人才队伍则是继续推进科学探索、发现的基础，指出推进国际合作，强化设施互用与人才交流的重要意义。《规划》指出，灵活的转化机制使美国能够充分利用核科学基础研究积累的各项设施、专业知识、教育平台以及数据库开展战略威慑力量建设。

（中核战略规划研究总院

江舸帆、马荣芳）

四十六、美国积极探索运用AI技术促进新型同位素生产

近期，美国能源部同位素计划（DOE IP）发布了2022年“同位素研发生产智能化”研讨会报告。该研讨会旨在发挥人工智能（AI）技术潜力，加快美国同位素研发生产效率。在同位素计划的支持下，美国橡树岭国家实验室、洛斯阿拉莫斯国家实验室等相关研究机构在同位素需求预测、同位素研发和生产等多个环节进行了人工智能技术的应用，尤其是通过建模预测和远距操作等方式，从靶件制备、辐照和同位素分离纯化等方面优化同位素的研发流程，大幅缩短研发周期，提升同位素产额。

1. 能源部同位素计划简介

同位素在医学、环境、国家安全、农业、清洁能源、量子信息、国防、太空应用以及核电池等领域都有广泛的应用。同位素计划的研发生产涉及除了钼-99、钚-238和武器用特种核材料之外的所有同位素，是能源部设立的同位素研发生产专项计划，且能源部成立了专门的唯一管理机构负责销售和分配相关同位素。

同位素计划研发的重点是利用反应堆和加速器设施生产放射性同位素，以及利用电磁分离器等设施浓缩稳定同位素。同位素计划的任

务包括：①生产并分配市场短缺的放射性和稳定同位素，包括它们的副产品、剩余物料和相关同位素服务等；②维护同位素生产所需的基础设施，生产重要同位素产品并提供相关服务；③持续进行同位素生产新工艺及改进工艺研究，为相关研究及应用领域提供重要同位素，同时培养人才；④确保美国同位素供应链的稳定，减少美国对外国同位素供应的依赖。

同位素计划生产的同位素包括但不限于：用于癌症治疗的锕-225、锕-227、钨-188、镥-177、锶-89、锶-90 和钴-60；用于油气勘探测井的镅-241 和锎-252；用于癌症和传染病治疗和研究的铋-213、铅-212、砹-211、铜-67、钍-227 和镭-223；用于 X 射线荧光成像和环境研究的镉-109；用作发现新超重元素的靶件原料的锫-249、镅-243、钚-242、锎-251、锿-255 和锔-248；用于重元素化学研究的镄-257；用于工业射线照相的硒-75；用于爆炸物检测的镍-63；用于国土安全应用的中子探测器的锂-6 和氦-3；用于核电池的钷-147；以及作为代谢研究中的示踪剂的砷-73、铁-52 和锌-65。

近年来，为加速同位素的研发生产，能源部依托同位素计划积极探索人工智能等新兴技术的研究与融合应用，并取得重要进展。

2. 人工智能技术可助力同位素需求精准预测

利用人工智能工具，研究人员可在大量信息调查的基础上，提高未来同位素需求预测的准确水平。同位素需求预测是规划生产计划和指导同位素制造能力建设的关键，但目前仍难满足准确预测的需求。人工智能工具可收集公共数据来源，包括学术出版物、会议记录和摘要、新闻稿、美国核监管委员会许可证申请和修正案、食品和药物管理局（FDA）申请和公告，以及证券交易委员会的文件等信息，经过一定建模计算，精准预测未来几年的同位素需求，便于决策者制定或灵活调整同位素生产计划。

3. 人工智能技术可大幅缩短同位素研发周期

大幅缩短相关核数据分析处理时间，实现实时或近实时的实验分析和指导。深入了解核反应，包括初级和次级反应的核截面，是放射性同位素生产的关键。大型辐射监测系统在辐照研究中可收集到大量γ谱线数据，传统处理方法需要数月才能处理一天收集的数据，存在严重的滞后。人工智能技术非常适合进行核反应截面研究中的数据分析，可大幅缩短处理时间，实现实时分析。

利用高通量实验使实验系统更加自动化、自主化，加快分离材料及其合成途径的发现和研发进度。针对辐照后放射性物质进行的物理和化学处理工艺也是放射性同位素生产的关键，其相关材料的研发需要耗费大量时间和资源。目前，基于自动化实验系统，研究人员可以完成的实验与传统方法相比已经呈指数形式增长，因此高通量实验越来越普遍。西北太平洋国家实验室的储能项目将高通量实验与人工智能技术相结合，实现自主研发。这一概念可转移到同位素研发领域。此外，分离材料的研发，如层析树脂，极大受益于人工智能主导的高通量实验平台。洛斯阿拉莫斯国家实验室正在将这一概念应用于基于溶剂萃取的镧系和锕系分离配体的开发。

减少资源需求，更快实现工艺规模放大和常规运行。传统的工艺放大需要较长时间和大量资源，而利用人工智能技术，研究人员可从实验室规模和生产规模测试等数据中构建模型，利用人工智能技术在两者之间建立联系，改进工艺并选择最适合在放大过程中转化的小试规模实验，这将显著减少新放射性同位素投入常规生产所需的时间和资源。

4. 人工智能技术可大幅提升同位素产额

改进靶件设计，提高最大可承受燃耗，进而提升同位素产额。人工智能工具可通过调整靶件的相关参数（如：起始靶含量、材料配比和几何形状等），优化同位素产量和热负荷下的靶件性能。洛斯阿拉莫斯国家实验室正利用机器学习技术快速处理靶件冷却系统的视频数据集，以构建流体动力学模型，准确反映靶件在辐照过程中的冷却情况。由于辐照过程中，不适当的冷却会导致靶件弯曲退化甚至失效，对人员安全、设备和设施造成损害。因此，目前许多重要同位素的生产受限于靶件能够承受的最大热负荷。机器学习技术的最终目标是对靶件在高热负荷条件下的行为进行建模预测，从而改进靶件设计，提高其能够承受的最大热负荷，提升放射性同位素产额。

在接收传感器实时数据的同时，实现自主参数优化和调控，提升辐照过程或浓缩装置中的同位素产量。辐照过程中的某些参数需在系统和参数优化器之间连续快速反复调整，利用人工或反馈控制器实现这一功能是低效的。然而，利用数字孪生等人工智能技术，可在接收传感器实时数据的同时，对系统进行调控，使靶件接受到最精准的粒子束轰击，进而优化同位素产量。此外，人工智能技术可用于实时监控放射性同位素处理工艺，提高工艺可靠性。橡树岭国家实验室近期正在探索利用人工智能系统使传感器系统自动完成校准。

电磁同位素分离和气体离心同位素分离能力是同位素计划中稳定同位素生产的关键。这些浓缩设备及其参数必须反复调整以获得最佳性能，如离子束光学器件以及电源电压和电流等。由于这些参数数量极大且关联性极高，因此调整过程极其繁琐复杂。橡树岭国家实验室的研究人员已经尝试借助众多传感器和仪器数据对人工智能工具进行训练，使其能够实时自主优化参数。浓缩装置的精确自主控制还可优化产量、纯度和其他关键指标。

统筹调整部件和设施情况，部署最佳系统操作，延长装置整体的使用寿命。利用人工智能技术，研究人员可统筹调整并提出预见性的设施维护建议，降低人力成本，减少某些老化部件使用次数，进而延长装置整体使用寿命。在此领域，橡树岭国家实验室的电磁同位素分离设备数据已用于训练人工智能模型，加快相关工具的投用。人工智能技术还可整合同位素生产过程中涉及的多个设施能力，根据其运营特征，更快速地响应紧急同位素需求。此外，以人工智能为驱动的制造业数字孪生系统是真实制造能力的虚拟呈现，依靠其保真度和详细程度，业主可根据特定需求对可用资源进行调整。

5. 小结

当前，人工智能技术迅猛发展，给社会各行各业发展带来了革命性的深远影响，核工业领域当然也不例外。美国作为核科学技术和人工智能技术强国，在能源部同位素专项计划的支持下，积极探索开展人工智能等新兴技术在同位素生产研发中的应用。经过初步研发表明，人工智能技术已经与同位素领域实现了较深融合，在同位素需求的精准预测、研发周期的大幅缩短以及同位素产额的大幅提升等方面表现出了极大优势，大大加速了该领域的科学发现和技术突破，同时也为更快速地实现规模化生产助力。预计在不久的将来，随着人工智能等新兴技术的不断快速进步及其在同位素等核领域的拓展应用，核工业发展将迎来重大变革。

（中国原子能科学研究院

侯梦洁、龚　游、宋敏娜、刘乙竹）

四十七、美国持续推动核数据建设，满足新兴核技术研发迫切需求

2023年9月14日，美国能源部宣布最新一批5个核数据项目获得580万美元经费，方向包括基础科学、核能、太空探索、方法改进等。美国能源部国家核军工管理局的核武器库存管理计划、核临界安全计划，科学办公室的核物理学计划等，都将核数据列为重点投资方向之一。核物理学计划牵头的跨机构工作组，集合能源部内外相关政府机构开展定向实验工作，近年来正持续投资支持有紧迫需求的核数据项目。

核数据包括各同位素及其涉及的各种粒子的结构和反应量值。作为科研与工程开发环节开展参数计算预测、工艺设计、建模仿真等的基本工具，核数据是核科学基础研究以及核技术在国防、能源、医学、工业、环境等各领域应用的基础。主要国家从20世纪50年代开展核数据测量、汇编、评价、处理、验证等工作，目前全球已形成几个主要核数据库，包括美国的ENDF和ENSDF、俄罗斯的BROND、经合组织核能机构的JEFF和TENDL、中国的CENDL、日本的JENDL等。近年来，新型反应堆、空间核技术、同位素生产等新兴领域涌现，以往核数据在核素、能级、反应等方面覆盖范围缺口越来越明显，同时随着高性能计算等技术的迅速发展，核数据领域新的发展机遇也正日益涌现。

1. 满足新兴核技术的迫切研发需求

新兴同位素生产。美国近年来正将同位素生产视为高优先度和赋能产品，建设各类同位素供应的产业链并推动在各领域应用，摆脱对俄罗斯供应的依赖。由于具有应用前景的核素范围广泛、生产工艺极为多样，在生产技术研发、工艺优化、确保安全性方面，须进行相关核反应的核数据估算、利用粒子输运建模确定反应速率、利用辐射仿真计算原料消耗和产额等。当前核数据缺口：一是覆盖面不足，缺少新生产途径一些相关核素的核数据和观测值，特别是非中子（如带电粒子和光子）的核反应数据、裂变产物数据、稀有同位素同质异构状态数据等；二是一些已有数据不确定度高，涉及衰变、中子嬗变、伽马生成等；三是一些基于核物理学模型预测的反应截面由于缺少试验测量导致偏差过大，偏差可达 2～50 倍。美国能源部一方面提升同位素生产的预测性建模代码能力，另一方面联合洛斯阿拉莫斯、布鲁克海文、劳伦斯伯克利三家国家实验室开展新兴核素生产所需核数据的测量活动，该团队于 2022 年开展了铅-202 数据测量。

新型反应堆研发。美国核工业界正积极发展钠冷快堆、高温气冷堆、熔盐堆等新堆型技术，拓展核能发展潜力，力争保持世界领先地位。新型堆是美国能源部当前核数据工作另一主要方向，当前主要缺口：一是新型堆涉及的裂变产物产额、衰变数据；二是裂变反应的瞬发中子和伽马射线、裂变产物的伽马射线、材料活化与衰变、中子与伽马衰减等数据；三是新型慢化体材料如 YH_x、FLiBe、反应堆级石墨等的热中子散射规律；四是材料损伤截面数据库；五是高丰度低浓铀的综合实验；六是支持新型堆的临界实验和基准测试。

太空应用。太空活动的核数据应用涉及防止太空辐射环境对设备和人员的损伤、空间堆和同位素电源在太空中的应用、行星核谱学研

究、行星防御，以及在太空中探测核爆炸等应用领域。航天器和宇航员的宇宙射线辐射防护已经具有相当基础，目前主要缺口是一次粒子与屏蔽材料发生相互作用后产生的二次轻粒子的辐射场缺少实验数据，包括多种同位素 0.5 GeV 能量以上双重积分截面数据以及二次粒子生成截面和几何角度的相关性等。空间反应堆虽与地面反应堆具有相似性，但其自主控制能力、尺寸重量约束等独特要求也对核数据提出更高要求，包括更高水平的不确定度量化、核素产额的更精确数据、材料辐射损伤和高温条件下的材料、屏蔽、可靠性等。行星核谱学通过测量宇宙射线激发行星表层物质产生的伽马射线和中子来表征行星表面化学成分，相关反应过程数量巨大，涉及各种元素的散裂、中子弹性散与非弹性散射、中子俘获等反应，辐射输运仿真中需要大量物理过程的截面数据库。行星防御重点关注利用核爆炸消除小行星撞击地球的危害，要求核爆炸产生能量水平附近中子与各种小行星构成元素发生相互作用的准确截面数据。卫星探测核爆炸突出要求加强缓发伽马射线生成的相关核数据。

2. 发挥高性能计算平台及人工智能技术潜力

美国能源部近年完成百亿亿次计算平台建设项目，基于高性能计算平台的先进建模仿真成为当前各领域重要的科研手段。美国能源部正着手推动先进计算平台应用，筹划将人工智能、机器学习等前沿技术用于核数据的提升。

基于高性能计算平台的先进建模仿真。一是高性能计算与核理论相互促进，通过在核结构、能级状态、核裂变理论、中微子物理学等基础理论不断深入前提下，形成更加详细的理论模型代码，计算核结构与核反应，实现基于物理学的核数据预测，可对过去基于现象和经验规律的方法给出校验，并可针对无数据的情况给出可靠预测结果。

二是提升应用领域建模仿真水平，包括辐射输运、核武器、临界计算、天体物理学等领域，例如在输运仿真中直接模拟核反应过程，可提高建模仿真的真实度，减少频繁访问数据集，修正不成熟的模型，提高不确定性量化与不确定性传播水平，实现更精确模拟。

人工智能与机器学习。一是将重复性工作自动化，如利用自然语言处理从核科学文献中提取知识以及核数据汇编、处理、评价等过程自动化，这方面应用有望大幅增长。二是在未来更先进的人工智能和机器学习手段中加入物理学意识，可识别异常数据并实现预测能力，作为模拟器代替原本有高昂计算成本的模型，引导实验开展，或实现更大规模的不确定度量化等。三是在此基础上，将高性能计算、人工智能和机器学习、前沿软件工程结合起来，就有可能实现核数据库自动化升级。

3. 小结

当前核基础科研与核能应用领域的新兴领域，存在核数据基础不足，核素、反应、能级等覆盖面不足以及不确定度高等问题，限制建模仿真手段的运用潜力，无法有效支持新工艺、新堆型、新型探测技术等设计研发，导致需要花费大量时间和资源成本开展基础性实验。**美国能源部近年来已开始针对有紧迫需求的核数据持续开展投资。**一方面为发展国内同位素供应链，摆脱对俄罗斯供应依赖，加强同位素生产工艺科研所需的核数据工作，另一方面还针对当前重点发展的新型核反应堆、太空技术、核探测等加强核数据工作。

（中核战略规划研究总院
许春阳）

四十八、美国取得锕-225生产技术突破有望实现大规模生产

2023年6月，两家美国企业宣布在利用反应堆生产医用放射性同位素锕-225的技术研发方面取得重要进展。西屋公司宣布成功完成利用商业反应堆生产锕-225的技术示范，塞尔瓦能源公司宣布已利用研究堆生产多批高纯度锕-225。

锕-225是一种α发射体，半衰期为10天。锕-225靶向治疗是一种拥有广阔应用前景的新兴癌症疗法：靶向载体将锕-225输送并聚集于肿瘤部位，在发射α射线杀死肿瘤细胞的同时，几乎不对周围健康组织产生伤害；相对于目前应用广泛的化学治疗和放射治疗，具有疗效显著且副作用小的特点。

1. 基本情况

美国能源部估计全球锕-225需求为每年50居里，主要用于开展癌症治疗基础研究，如果锕-225广泛用于癌症治疗，其需求将会大幅提升，然而现有产能仅为每年1.7居里，远远不能满足需求。考虑到锕-225广阔应用前景和供应严重不足，美国能源部同位素计划已将锕-225设定为需要给予专门支持的关键同位素。

西屋公司宣布近期成功完成利用商业反应堆生产锕-225的首次技

术示范，为在全球范围内大规模生产锕-225 奠定了基础。此次示范利用宾夕法尼亚州立大学研究堆完成。除此之外，西屋没有公布关于其锕-225 生产技术的任何其他信息。在美国能源部同位素计划支持下，塞尔瓦能源公司利用加利福尼亚大学尔湾分校研究堆对镭-226 靶件进行辐照，然后在亚利桑那州立大学放射化学实验室从辐照后靶件中提取锕-225。迄今已完成多个批次生产，获得了纯度极高的锕-225，其中不含锕-227 等常见放射性杂质。塞尔瓦能源公司表示，这是全球商业实体首次使用常规核反应堆生产锕-225。该公司表示，未来全球研究堆运营商可以与其合作，在不需要巨额投资的情况下开展锕-225 的生产。

美国泰拉能源公司正在与美能源部和 Isotek 公司合作开展相关研发，准备利用铀-233 生产锕-225，目标是将产能提高至当前水平的 75～100 倍。许多企业正聚焦利用加速器辐照镭-226 靶件生产锕-225。美国北极星医用放射性同位素公司正在建设一座生产设施，并于 2023 年 6 月签署首份高纯度锕-225 商业供应协议。加拿大核实验室和粒子加速器中心 2019 年合作启动锕-225 生产，但其产能仅满足自身研究需求。日本日立公司、东北大学和京都大学 2021 年 10 月宣布完成首次技术示范。比利时 PanTera 公司正在开展相关研究，2023 年 6 月与泰拉能源公司签署合作协议，并表示有望从 2024 年开始向市场提供锕-225。

2. 锕-225 供应不足有望缓解

锕-225 靶向疗法在前列腺癌等癌症治疗方面拥有巨大潜力，其应用前景被广泛看好。然而，锕-225 目前的供应能力远远不能满足市场需求。美国、加拿大、日本和比利时等国企业均在积极开展锕-225 生产技术研究。这些技术总体上可分为三类：一是利用钍-229 自然衰变

进行提取；二是利用加速器对镭-226等靶件辐照后提取；三是利用反应堆对镭-226等靶件辐照后提取。美国正利用前两种技术生产锕-225，但产能有限。两家美企近期宣布第三种生产技术取得突破，尤其是塞尔瓦能源公司已获得多批高纯度锕-225，预示全球锕-225产能或将得到大幅提升。

由于辐照后产物中不含锕-227等难以分离的放射性杂质，因此镭-226被各国技术开发商作为新型锕-225生产技术靶材。但是，镭-226全球储量不足，可能会成为未来锕-225靶向治疗药物大规模应用的瓶颈。据不完全统计，目前全球镭-226年产量仅为千克级，主要来自加拿大和俄罗斯。

3. 小结

同位素产业属于战略性产业。同位素（包括放射性同位素和稳定同位素）已广泛应用于工业、农业、医疗、公共安全、环境和基础科研等各个领域，为推动国民经济发展作出了重要贡献，其发展深刻影响着世界各国的科技进步、经济发展和人民健康。美国将确保同位素供应安全视为具有战略意义的高度优先事项，1954年《原子能法》要求美国政府制定并执行同位素计划，保障关键同位素供应安全。

（中核战略规划研究总院

伍浩松、孟雨晨）

四十九、美国企业积极推进紧凑型电子直线加速器替代放射源技术研发

放射源具有体积小、成本低、可产生高穿透性 γ-射线等优势，在工业、农业、医学、资源勘探、科研等诸多领域有广泛应用。但由于放射源本身存在事故风险和监管难题，美国等发达国家正积极部署可行的替代技术，减少对高活度放射源的依赖。作为放射源的理想替代方案，加速器具有安全环保、能量范围灵活等优势，得到美国核安全局下属辐射安全办公室（ORS）和美国政府问责局（GAO）的关注与支持。目前，美国 RadiaBeam 技术公司正在开发 1 ～10 MeV 紧凑型电子直线加速器，用于替代钴-60、铱-192、铯-137 等放射源。该公司通过实现高频磁控管、分体式加速结构制造技术和固态 Marx 调制器等创新研发，进一步优化了加速器尺寸和成本，为规模化替代放射源提供了技术方案。

1. 放射源简介

根据美国核管理委员会（NRC）的数据，目前美国约有 80 000 枚Ⅰ类和Ⅱ类放射源。其中钴-60、铱-192、铯-137 三种放射源数量分别约为 72 000 枚、4 000 枚、3 200 枚，总数占美国所有密封的Ⅰ类放射源（极危险源）和Ⅱ类放射源（高危险源）的 99%。钴-60、铱-192、

铯-137 核素特性如表 1 所示。

表 1　钴-60、铱-192、铯-137 核素特性与参数

放射源类型	释放的 γ-射线能量/MeV	半衰期	产生方式
钴-60	1.17 和 1.33	5.27 年	堆照钴-59
铱-192	0.355	73.83 天	堆照铱-191
铯-137	0.662	30.17 年	乏燃料提取

钴-60 主要用于医疗器械消毒，也可用于科学研究、癌症治疗、昆虫不育技术和工业无损检测。钴-60 一般以金属或合金的状态使用。国内秦山三期重水堆核电厂已实现钴-60 批量生产。

铱-192 常用于工业无损检测，可对金属铸件、焊缝和部件的内部结构进行成像，也可用于局部肿瘤治疗。铱-192 源一般被制成链状或球状使用。用于工业射线照相的铱-192 一般在欧洲、俄罗斯和南非的反应堆中生产。

铯-137 主要用于血液辐照、厚度测量以及测井。辐照装置中的铯-137 是压缩的氯化铯粉末，可溶于水，相对容易分散，危险性极大。铯-137 是铀的裂变核素，其产量约为所有裂变产物的 6%。国际上销售的分离放射性铯-137 一般通过俄罗斯车里雅宾斯克地区玛雅克（Mayak）协会生产。

2. 加速器改进技术

RadiaBeam 技术公司通过改进高频磁控管、分体式加速结构设计以及固态 Marx 调制器，显著优化了加速器的尺寸、重量和成本，使其适用于替代放射源。

(1) 高频磁控管

传统加速器的尺寸和重量主要由射频组件和（必要的）辐射屏蔽

决定。使用高频磁控管能够显著减少射频组件尺寸。在相同性能下，磁控管的频率增加 1 倍，其横向尺寸（横截面积）约为原来的 1/4。使用高频磁控管也存在一些缺点：对输入电源的要求较高；其次，需要更加精密的制造工艺。

不同波段/频率的磁控管适用于不同的加速器应用场景。Ku 波段（15 GHz）的磁控管尺寸较小，可承受数百千瓦功率，适用于 1～2 MeV 直线加速器；X 波段（约 10 GHz）磁控管适用于 4～6 MeV 加速器；S-波段（3 GHz）磁控管由于尺寸较大，并能承受更高的功率，可用于 9 MeV 以上直线加速器。

（2）分体式加速结构

由于高频加速器的制造成本较高，分体式加速结构得到了发展。RadiaBeam 公司通过优化制造工艺，将加速射频结构分为两半，独立加工完成后再进行焊接组装。据估计，该分体式结构的加工成本比传统设计少约 10%。

分体式结构设计还降低了其他方面的成本，如尺寸检查、装配和射频调谐，尤其适用于对成本敏感的应用领域。此外，与使用传统的多单元射频结构相比，分体式结构的性能会更有保证。

（3）固态 Marx 调制器

调制器可以产生脉冲高压，用来加速磁控管或速调管中的电子束流。调制器需输出 10～50 kV 的脉冲高压，并通过 40～120 A 电流。与传统调制器（一般为氢闸流管）相比，目前采用 IGBT（绝缘栅双极晶体管）半导体元件的固态调制器有诸多优势，拥有更高的可靠性、更长的寿命和更稳定的脉冲输出能力，其重量和体积仅为传统闸流管的十分之一。虽然固态调制器的制造成本比氢闸流管稍高，但使用寿命更长，综合比较更具性价比优势。

RadiaBeam 公司开发了一种用于加速器 X 射线照相的固态 Marx

调制器，该调制器使用主板将脉冲电路和若干 IGBT 子模块集成在一起。其中，主板负责电源和脉冲时间分配；子模块作为相同的结构单元，便于维修和更换。若一个或几个 IGBT 子模块出现损坏，调制器仍然可以在低功率水平下工作。固态 Marx 调制器只需两个电源：1 500 V 电容充电电源和低功率 48 V 电源，两者都能以高达 90％的效率运行。因此，该调制器适合小尺寸、低散热需求，能够很大程度上减小加速器系统尺寸。

3. 加速器替代放射源示例

RadiaBeam 公司利用上述创新技术，研发设计了不同应用类型的三种紧凑型直线加速器示例，有望实现对相关放射源的替代。

(1) 1 ～ 2 MeV 便携式直线加速器（Ku 波段）

目前 RadiaBeam 公司正研发基于 1 MeV Ku 波段便携式（约 23 千克）电子直线加速器 X 射线源，用于替代铱-192（γ 射线平均能量 0.355 MeV）进行工业照相检测。当加速器能量在 2.0 MeV 时，可取代铯-137（γ 射线平均能量 0.662 MeV）用于检测更厚的物体。不同能量加速器参数如表 2 所示。

表 2　不同能量下 Ku 波段直线加速器参数比较

能量/MeV	0.18	1.0	2.0
替代的放射性同位素	钴-57	铱-192	铯-137
峰值束流/mA	2	110	11
平均束流功率/W	2.7	95	15
估计剂量/（1 m，cGy/min）	<1	10.5	5.5
结构长度/cm	5.8	8.8	24.5
系统重量（+调制器）/ kg	5（+9）	13.6（+9）	16.6（+9）
磁控管功率/kW	60	250	未知

该加速器采用了分体式加速结构，并匹配轻型 Marx 调制器，有效降低了系统重量和尺寸。加速器还采用了高度优化的聚束设计，提高了效率。计算模拟表明，现有设计可以适应较低（0.18 MeV）和较高（2 MeV）能量，以实现更广泛的应用。目前，RadiaBeam 公司已经完成了 1 MeV 和 2 MeV 的加速结构制造，并测试了轻型 Marx 调制器，即将进行加速结构的高功率测试。

（2）3～4 MeV 直线加速器（X 波段）

RadiaBeam 还研发了廉价、紧凑的 3～4 MeV 直线加速器（具体参数如表 3 所示），用来取代钴-60 源在昆虫不育技术的应用。

表 3　3 MeV X 波段直线加速器参数

磁控管	X 波段 1.8 MW
电子能量	3 MeV
平均流强	100 μA
中心剂量	15 Gy/min
剂量均匀性比值	1.3
辐照系统尺寸	$116\times108\times68\ cm^3$
辐照系统重量	3 000 kg

该加速器被设计成 X 波段频率和驻波加速结构，以实现更高的能量利用效率。本加速器系统在重量和价格上与商用的放射性同位素辐照装置相似，剂量率和均匀性满足国际原子能机构对昆虫不育应用的要求，而且没有安全监管问题以及同位素补充带来的持续成本。目前，RadiaBeam 公司已建成 3 MeV 加速器并进行了初步测试，预计不久后将交付至国际原子能机构。

（3）5～10 MeV 模块化直线加速器（S 波段）

目前，已有部分直线加速器应用于医疗器械灭菌和食品辐照领域，

但相较于钴-60 工业辐照源，用于辐照应用的高功率直线加速器价格昂贵。为降低应用成本，RadiaBeam 公司正在研发一种模块化大功率 S 波段直线加速器（设计参数如表 4 所示），该加速器将提供成本较低的初期版本，并允许用户通过增加相关模块实现更强性能。

表 4　5～10 MeV 模块化 S 波段直线加速器估计参数

磁控管	S 波段 2.7 MW
电子能量	5 MeV、7.5 MeV 和 10 MeV
辐射输出	15～30 Gy/min（X 射线） 1.5 kW（电子）
直线加速器模块尺寸	$408\times51\times47\ cm^3$
直线加速器模块重量	150 kg
电子模块尺寸	$200\times56\times102\ cm^3$
电子模块质量	280 kg

加速器搭载了 RadiaBeam 公司自主研发的高功率固态 Marx 调制器（50 kV×120 A），与目前商用调制器相比，该调制器成本降低了 50%。为进一步降低成本，RadiaBeam 公司对该加速器进行了一系列创新设计，以实现“一机多用”和批量化生产目标。该公司设计了集成式聚束器，可以实现可变能量（5 MeV、7.5 MeV 和 10 MeV）输出；此外还设计了可调节的扫描系统，能够高效匹配辐照各种形状的产品。目前研发人员正在进行束流动力学和射频系统试验，该加速器仍处于设计阶段。

4. 小结

目前，美国等发达国家已认识到Ⅰ类和Ⅱ类放射源使用过程中存在的安全责任和安保风险，并开始组织消除放射源工作，或以其他技术取而代之。加速器作为较为安全、灵活的替代技术，由于成本、尺寸等因素，限制了其推广和应用。RadiaBeam 公司通过高功率磁控管、分体式加速结构和固态 Marx 调制器等创新技术将很大程度上降低直线加速器的尺寸和成本，使得加速器替代放射源成为可能。

（中国原子能科学研究院
杨　涛、杨京鹤、龚　游、夏　芸、喻　宏）

五十、日本重要医用放射性同位素自主化生产进展

2023 年 6 月 27 日，日本原子能委员会发布了《“推进医用放射性同位素生产和应用行动计划”后续追踪报告（2023 财年版）》草案，该报告总结了近一年来日本政府及相关机构对于《推进医用放射性同位素生产和应用行动计划》的落实情况，重点介绍了对推进钼-99、锝-99m、锕-225 和砹-211 四种重要医用放射性同位素自主化生产的相关举措。

1. 背景

2022 年 5 月 31 日，日本原子能委员会发布了《推进医用放射性同位素生产和应用行动计划》（以下简称“行动计划”），从国家战略层面统筹部署了利用研究堆和加速器开展同位素研发与推动同位素临床应用的行动方案，提出要推进钼-99、锝-99m、锕-225、砹-211 四种重要医用放射性同位素的自主化生产和稳定供应。

行动计划指出，对于钼-99 和锝-99m，要打通 JRR-3 研究堆产钼-99 和锝-99m 相关的分离、提取、浓缩等技术环节，构建政府、同位素生产方、制药企业间的协作机制，尽可能在 2027 财年内通过研究堆生产能满足约三成国内需求的产量，并供应给国内使用。对于锕-225，要推进使用加速器生产锕-225，另外在“常阳”实验快堆重启前应探

讨保障锕-225原料镭-226的供应方案，并计划在2026财年前使用常阳堆进行生产工艺示范。对于砹-211，要通过“短寿命放射性同位素供应平台”等项目构建砹-211的生产供应网络，计划在2028财年验证放射性药物^{211}At-NaAt的有效性。

在日本原子能委员会近期的例会中，文部科学省、日本原子能研究开发机构（JAEA）、日本量子科学技术研究开发机构（简称“量研”）以及大阪大学等对近一年来关于行动计划的落实情况进行了汇报，日本原子能委员会于6月27日发布汇总报告。

2. 进展情况

（1）钼-99和锝-99m

利用JRR-3研究堆开展钼-99辐照生产技术研发。JAEA在2022至2028财年中长期计划中指出，要以强化核医学诊断试剂（锝制剂）原料钼-99的国内稳定供应链为目标，有效利用JRR-3开展辐照生产技术研发。文部科学省为JRR-3面向钼-99生产的辐照试验拨付了预算经费，在2022财年和2023财年分别拨付0.2亿日元（约103万元人民币）和0.7亿日元（约361万元人民币）。2022财年，JAEA利用JRR-3的垂直辐照孔道和水冷辐照孔道共进行了6次辐照试验（垂直2次、水冷4次），比较了辐照后的比活度和杂质含量。在使用水冷辐照孔道的试验中，考察了辐照时间（1天、3天和7天）的影响。在使用垂直辐照孔道的试验中，使用两个辐照孔道（VT-1、RG-1）评估了不同辐照位置产生的钼-99量。辐照结果为，水冷辐照孔道6至7天辐照钼-99的比活度为0.45～0.5 Ci/g，垂直辐照孔道的VT孔道钼-99比活度为3.5～4.6 Ci/g、RG孔道钼-99比活度为1.8～2.5 Ci/g。日本钼-99/锝-99m自主化生产路线图见图1。

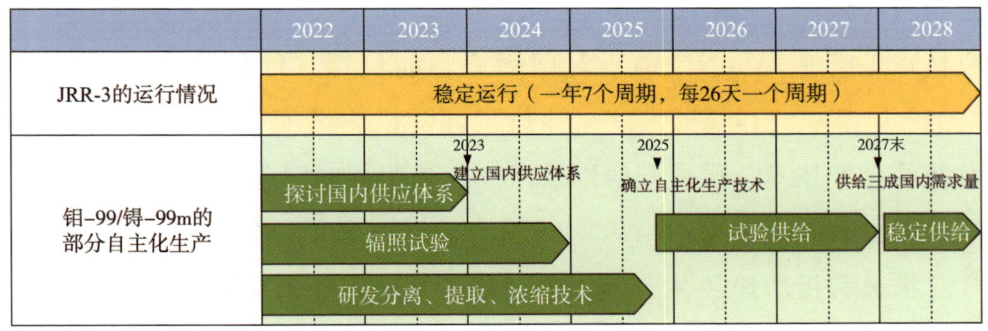

图 1　日本钼-99/锝-99m 自主化生产路线图

通力合作解决技术问题并进行成本评估。在日本放射线同位素协会的组织下，JAEA、日本放射线医药品协会、相关私营企业以及相关政府部门等召开集会，对生产和供应等有关问题进行了梳理，并向各相关方进行交流分享。另外，JAEA 和制药公司正在调整从 JRR-3 生产的钼-99 中分离和提取锝-99m 的技术示范试验工序，以确定适合制药用途的分离和提取方法。此外，JAEA 基于迄今为止的辐照试验数据，开展钼-99 生产成本评估。制药公司也在开展从钼-99 分离提取锝-99m 的成本评估。

根据需求适当修订放射性医药品相关标准。在研发过程中，厚生劳动省会在必要时与 JAEA 和制药公司进行商议，如果生产方法与现行放射性医药品标准不同，将采取包括修订放射性医药品标准等措施开展审批。

在安全前提下采取灵活制度保障运输。钼-99 和锝-99m 被归类为 B 型运输物（指运输物品中含有大量放射性物质），日本国土交通省将在充分确保安全的前提下，通过简化手续以及灵活处理飞行路线变更等保障顺利运输。

构建国际供应链。如果通过 JRR-3 或制药公司的加速器生产的放射性同位素原料产量超过国内需求，日本希望构建国际供应链向国外制药公司供货。JAEA 参加了 2022 年 10 月由美国能源部（DOE）国家核军工管理局（NNSA）与国际原子能机构（IAEA）合作举办的“2022 年钼-99 国际研讨会”，参与了国际供应链框架的讨论，其中涉及新的生产技术、供应安全以及医疗机构等相关问题。

（2）锕-225

推进利用加速器生产锕-225。量研主办了一场靶向同位素治疗研究相关的研讨会，聚集了学术界和私营企业相关专家，并将讨论内容汇总形成报告。目前，量研已就利用加速器生产锕-225 的方法申请了 7 项专利，其中 3 项已获得授权，这些技术已授权给制药公司，相关公司已报告成功生产出可进行商业化的 GBq 级的锕-225。另一方面，受加速器设施火灾的影响，量研在 2022 财年无法内部生产锕-225，目前正在考虑使用小型加速器进行小规模替代生产，但由于资金紧张，需要提供额外支持。另外，为了实现临床试验所需的高品质锕的制备和质量检验，量研在洁净室内建立了专用的 α 放射性核素制备热室，在 2023 财年量研将向原子能规制厅申请变更许可。根据上述实验室获得的研究结果，量研将探讨制定 α 射线治疗药物的临床应用指南。

确保锕-225 制备原料镭-226 的供应。镭-226 是生产锕-225 的必要原料，应在常阳堆重启前做好准备以应对未来需求的扩大。JAEA 调研了日本国内废弃放射源的持有量，并参与了 IAEA 发起的全球镭-226 管理计划，确认了国外废弃放射源的库存状况。

成立新机构推进锕-225 生产及稳定供应相关的研发。福岛国际研究教育机构（F-REI）和相关组织将合作促进有助于锕-225 生产和稳定供应的研发。F-REI 成立于 2023 年 4 月 1 日，文部科学省在其成立筹备年（2022 财年），对 F-REI 所关注的放射科学和创新医药研发领域的研究课题进行了调查和分析，并调研了日本国内的加速器设施，确定了新放射药物的临床应用课题，以促进 F-REI 成立初始阶段研究

工作的顺利开展。在2023财年，F-REI将利用α射线核素开发新的放射性同位素药物，推进创新医药领域全球前沿技术研发，研究经费为19.6亿日元（约1亿元人民币）。

设立研究课题开展α射线核素的创新研究。在日本医疗研究开发机构（AMED）的“下一代癌症医学加速研究项目”中，设立了一个新的战略研究开发领域，征集利用锕-225、砹-211等进行诊断和生物标记物开发研究，以及利用α射线核素开发治疗癌症的方法相关的研究课题。该项目新采纳5个研究课题，研发实施期限为2023—2025财年，每个课题每年最多获得1 500万日元（约78万元人民币）的经费支持（不含间接经费）。

（3）砹-211

利用现有平台保障研究用砹-211的稳定供应。通过“短寿命放射性同位素供应平台”项目，维持砹-211生产组织网络，确保研究用砹-211的稳定供应。“短寿命放射性同位素供应平台”参与方包括大阪大学、日本理化学研究所、东北大学以及量研。该平台得到了文部科学省在学术创新领域的研究经费支持，在2022财年和2023财年均拨款3094万日元（约160万元人民币）。

积极参与国际合作构建供应网络。在2022年9月召开的国际原子能机构第66届大会上，日本内阁府主办了“α射线药物的开发和同位素供应——砹-211和国际组织可能发挥的作用”会议，收集了包括世界各国砹-211生产和供应体系在内的相关信息，各相关方就在日本、美国和欧洲建立砹供应网络的探讨取得了一定进展。

3. 小结

日本于2022年发布首份《推进医用放射性同位素生产和应用行动计划》，推动利用国内研究堆和加速器等进行同位素生产并解决进口依赖问题。一年来，日本各相关方多措并举，在提升钼-99、锝-99m、锕-225和砹-211四种医用放射性同位素的自主化生产供应能力方面取得了一定进展，有效推进实现行动计划的阶段性发展目标。

（中国原子能科学研究院
刘乙竹、龚　游、宋敏娜、夏　芸、喻　宏）

五十一、世界工业应用加速器现状

随着科技的进步，粒子加速器在全球范围内正呈现出蓬勃的发展势头。其作为一种高新技术装置，广泛应用于工业、医疗和科研领域，为人类社会的进步作出了重要贡献。其中在工业应用方面，未来将随着技术的创新和发展，发展至更广泛的范围，如材料表面改性、新能源开发等。可以说，未来的全球工业应用粒子加速器将在更多领域展现出其潜力和价值。工业应用加速器的发展将更加注重环保和可持续发展。随着全球对环境保护的重视和可持续发展的需求，加速器的设计和运行将更加注重能源的高效利用和废物的处理。例如，粒子加速器的能耗在未来会越来越低，设备的运行效率也会越来越高，减少对环境的负面影响。同时，在粒子加速器的运行过程中，对辐射的安全管理也将得到进一步加强，保护工作人员和周围环境的安全。工业应用加速器的发展还将注重国际合作与创新。粒子加速器作为一种高新技术设备，需要各国之间的合作与交流，才能更好地推动其发展。

1. 常见的工业加速器

总体来说，粒子加速器在工业领域中的应用主要体现在辐照灭菌、无损检测、材料改性、半导体制造、同位素生产、农业育种及环境治理等方面。根据加速结构类型进行划分，较为常见的工业加速器包括离子注入机、高压加速器、射频直线加速器及谐振腔型加速器等。

(1) 离子注入机

离子注入技术作为材料改性的一种新技术，已经成功地用于半导体器件和电路的工业生产，并已推广应用于金属、陶瓷、高分子聚合物和超导等材料的改性。离子注入有两个最基本的参数，离子能量和注入剂量（单位面积注入的离子个数）。其中，离子能量是决定掺杂深度的参数，而注入剂量是决定掺杂浓度的参数。

目前，全球离子注入设备市场主要分布在亚洲、北美和欧洲等地，其中亚洲市场占比最大，主要得益于中国、日本和韩国等国家的快速发展。同时，一些领先的离子注入设备企业已经开发出了多种型号的离子注入设备，以满足不同领域的需求。美国应用材料公司、Axcelis占全球大部分市场份额，其中美国应用材料公司占有50%以上市场份额。

近年来，随着芯片尺寸更加微小，掺杂工艺更加精密，这就对离子注入机提出了更高的技术要求，如高能量、高精度、高均匀度和低污染等。因此新一代离子注入机需具备更高的精度和控制能力，可以实现更精细的注入过程，同时也能提供多能量、多种离子注入的功能。这些新技术的引入将会极大地改变离子注入机市场的格局。

(2) 高压加速器

高压型加速器主要包括静电加速器和倍压加速器两大类。前者包括单级和串列静电加速器，后者按电源电路的结构又可分为串激倍压加速器、并激倍压加速器（地那米）、Marx脉冲倍压加速器及绝缘芯变压器等。高压型加速器的主要特点是可以加速任意一种带电粒子且能量易于平滑调节。但这类加速器的加速电压直接受到介质击穿的限制，一般不超过30～50 MV，因此加速器的能量不高。国内外高压加速器主要参数如表1所示。

表 1　国内外高压加速器主要参数对比

参数	电子帘加速器	变压器型高压加速器		地那米型加速器	
	国外	国内	国外	国内	国外
电子能量/MeV	0.07～0.3	0.3～2.5	0.4～5	0.5～5	0.5～5
平均束流/mA	2000	240	800	30	50
束流功率/kW	300～500	100	500	150	250
电效率/%	50	80	80	<40	≤40

其中在工业应用方面具有代表性的为地那米型加速器及 ELV 型加速器，如图 1 和图 2 所示，主要应用于材料的辐照改性、废水处理和消毒灭菌等。二者均具有几十年的发展历史，技术较为成熟，在全球范围内拥有稳定的市场份额。目前全球主要供应厂商多以生产销售为主，根据用户需求去定制加速器的相关参数，仅投入较少的精力去对其技术进行相应的研发。

图 1　地那米型加速器

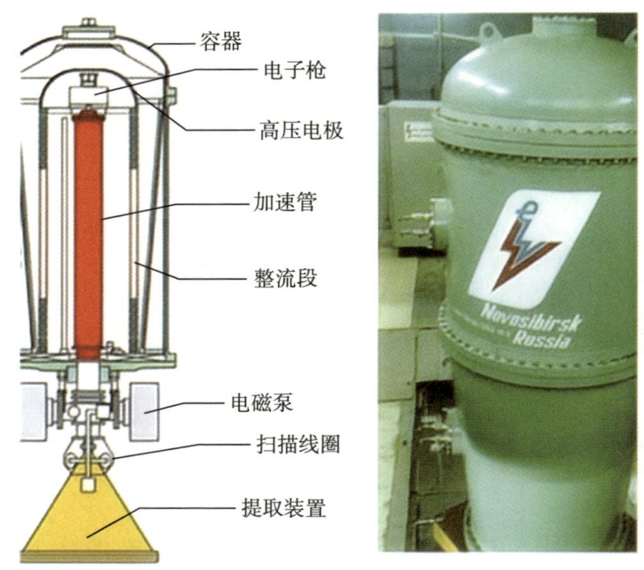

图2　ELV型加速器

近年来，以电子帘加速器为代表的低能高压加速器受到社会各界越来越多的关注。如图3所示。其结构没有加速管和扫描装置，束流流强大、功率高，体积小、外形规整、十分简单，且能够在辐射固化技术与相关材料、薄膜片材及低能辐照表面消杀等领域广泛应用。

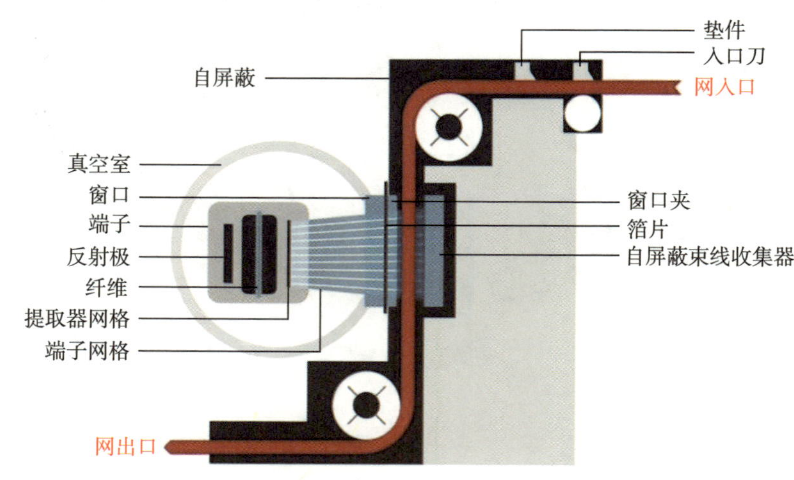

图3　电子帘加速器

目前全球范围内的电子帘设备已逾千台，以美国 Energy Sciences Inc.（ESI）公司为首，研制出的电子帘加速器束流能量技术指标可达到 75～300 keV，功率可达到 5～350 kW，除此之外还有美国的 PCT Engineered Systems 公司、Advanced Electron Beams（AEB）公司、日本 Nissin High Voltage（NHV），以及国内的兰州近物所、中广核等公司均在从事电子帘加速器的研发及生产。未来，电子帘加速器因具有流强大、功率高、体积小等优势，将成为高压型加速器的主要发展方向。

（3）射频直线加速器

射频直线加速器是利用射频波导或谐振腔中的高频电场加速沿直线形轨道运动的电子和各种轻、重离子。这类加速器的主要有点是粒子束流强度高，并且它的能量可以逐节增高而不受限制。在工业方面较为常见的有 ILU 型加速器、辐照加速器及无损检测加速器。

如图 4 所示，俄罗斯布德克核物理研究所设计研制了 ILU 系列加速器，多用于电缆得辐照及医疗器械的消毒灭菌，已分别在韩国、中国、印度、意大利、波兰和其他国家/地区的工业生产线中运行。其能量范围能够从 0.6 MeV 覆盖到 10 MeV，这种加速器具有低能大功率、无加速管及整流器等易损高压器件、不需要绝缘气体、结构简单可靠、成本较低和易于维护等特点。随着市场需求的满足，已逐渐不再对 ILU 型加速器展开新的研究工作。

如图 5 所示，工业辐照加速器多指代以 10 MeV 为主的高能射频直线加速器，随着辐照应用市场的拓展，因其具有更高能量等特点，能够实现更多的辐照处理工艺，目前已逐步成为了辐射加工领域的主流装备。除国外的 Mevex 公司、L-3 公司、NHV 公司、EB-TECH 公司外，国内也涌现出中国原子能科学研究院、中广核技及无锡爱邦等国际先进水准的生产厂商。

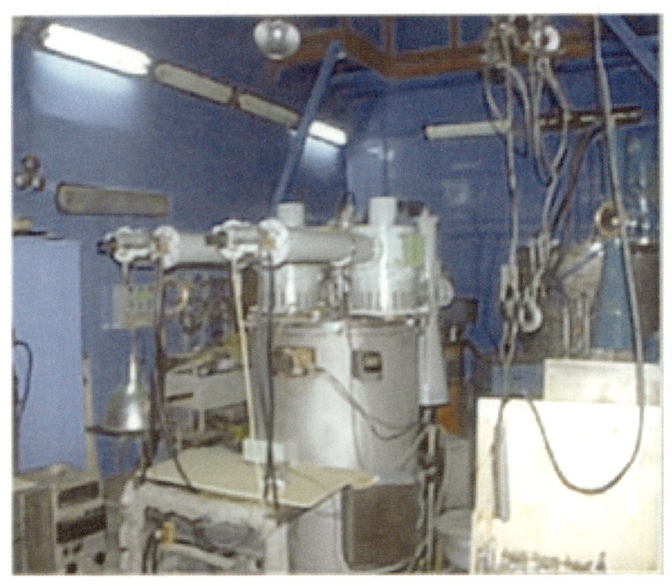

图4　ILU加速器

图5　工业辐照加速器

γ装置数量规模日趋缩小，市场需要新型设备替代，高能、大功率、具有转换 X 射线功能的电子加速器产业化迫在眉睫。因此根据日益增长的辐照需求及辐照领域，未来工业辐照加速器的发展方向将聚焦于更高的束流功率，更好的电效率及更高转换效率的 X 射线转换靶。

通过优化射频源的设计，如提高功率输出、降低能耗和减少热损失，可以提高整个加速器的电效率；通过优化加速管设计、材料选择和表面处理，提高电场强度、减少射频功率的损失和增加粒子束的稳定性，提高其性能并减少能耗；通过改进传输系统的设计，采用高效的功率传输线路、减少传输损耗和使用高性能的匹配网络，最大限度地减少功率在传输过程中的浪费。从而提高整个加速器的电效率以及其束流功率。

同时无论国内外，高能电子束轰击重金属靶转换产生 X 射线也是其发展面临的主要挑战之一，目前转换靶效率较低，绝大部分能量都转化为热能。未来将针对转换靶的材料、厚结构等方面展开深入研究，从而提高 X 射线的转换效率。

目前，无损检测加速器已经在许多领域得到广泛应用，如图 6 所示，其主要作用是通过产生高能电子束或射线，对被测试对象进行辐射或电子激发，从而实现材料的无损检测。这种非破坏性的检测方法能够在不破坏物体的情况下，获得关于其内部结构、成分和缺陷等信息，具有极高的准确性和可靠性。

关于未来的发展方向，我们可以着眼于以下几个方面。首先，进一步突破技术瓶颈，优化无损检测加速器的性能，往更高能量、更小焦点的方向发展，提高检测的灵敏度和精确度。其次，加强与其他领域的合作，促进技术的跨界创新，除了传统的工业检测领域外，无损检测加速器也逐渐应用于国防军工、文物文化保护和地质勘探等领域，

图 6　无损检测加速器

丰富了其应用场景。此外，注重对环境和安全的考虑，将无损检测加速器的使用与环境保护和安全生产相结合，实现可持续发展。

（4）谐振腔型加速器

谐振腔型加速器的工作原理是谐振腔共振效应，通过电场和磁场的交变作用，粒子在加速器中不断加速，最终达到所需的加速目标。这种加速器具有高效、能量范围可调节等优势，并广泛应用于各个领域，其具有代表性的类型有脊型加速器及梅花瓣型加速器。

如图 7 所示，脊型加速器电场主要集中在两个金属电极之间，而磁场则围绕金属板电极分布在整个腔体中。这种结构适合采用耦合环的方式在腔壁附近注入射频功率。脊型谐振腔可以等效成一并联谐振电路，其中包含了等效电阻、等效电感和等效电容。耦合环则可以等效成一个变压比为 n 的理想变压器。

中国原子能科学研究院先后攻克了低发射度的强流微脉冲电子束形成、高稳定性强流电子束的双腔谐振加速、强流电子束的精确控制

图 7　脊型加速器

和高效率传输等技术难题，最终研制出国际首创的双腔脊形加速器。该加速器采用了全新的技术路线，具备输出电子束束流强度大、功率高、升级空间大等优点，为辐射加工装置的升级换代提供了重要技术支撑，有力推动了国内核技术应用产业发展。

如图 8 所示，梅花瓣型加速器是由比利时 IBA 公司所研发生产的一种加速结构，其加速电场分布在圆形谐振腔的径向，借助数块磁体改变电子束的路径，从而实现电子来回穿过腔体被反复加速的目的，其运动轨迹形如梅花的花瓣。在工业应用上，与其他射频直线加速器相比，其具有功率大、电效率较高和结构紧凑等特点，在规模化工业应用上，具有一定的优势。

同为辐照加工、材料改性和同位素生产等领域的工业应用加速器，与射频直线型辐照加速器相同，梅花瓣型加速器的发展同样聚焦于更高的电效率，更大的功率及更高的 X 射线转换效率。

图8　梅花瓣型加速器

2. 全球工业加速器市场

总的来说，2024年全球工业加速器市场呈现出稳定增长的趋势，未来市场规模有望进一步扩大。据相关调研机构统计，2022年仅工业直线加速器市场规模为27.457 0亿美元，预计到2030年将达到43.959 8亿美元，2024—2030年的复合年增长率为6.16%。其中北美在2022年占38.11%的最大市场份额，预计在预测期内将以5.34%的复合年增长率增长。欧洲是2022年的第二大市场，预计将以6.11%的复合年增长率增长。

工业直线加速器市场正在经历由两个关键趋势驱动的动态转变。一方面，全球工业加速器市场的增长主要受到技术进步和应用需求的推动。随着工业4.0和智能制造的快速发展，工业加速器在生产线上的应用越来越广泛，如电子束焊接、离子束刻蚀等。同时，随着新能源、新材料等产业的崛起，工业加速器在新能源材料制备、表面处理等领域的应用也在不断增加。值得注意的是，数字技术、自动化和人工智能（AI）的集成越来越受到关注，有望实现更好的系统性能和先进的数据分析能力。

另一方面，全球工业加速器市场的竞争也在逐渐加剧。目前，市场上主要的工业加速器供应商包括欧洲 Cyclotron 公司、美国 Varian 和日本东芝等大型跨国企业。这些企业通过不断的技术创新和市场拓展，提高产品质量和服务水平，以赢得更多的市场份额。同时，一些新兴的科技企业也在积极向工业加速器领域拓展，为市场带来新的竞争力和活力。

3. 结论

随着科技的不断进步，粒子加速器在全球范围内正迎来蓬勃发展的新时期。工业用加速器方逐渐向高能和低能两个量级方向发展，低能耗、高束流功率及高转换效率的 X 射线转换靶是工业应用加速器的主要重点发展方向。随着技术的持续创新，粒子加速器的应用范围将进一步扩大，涵盖材料表面改性、新能源开发等多个方面。可以预见，未来工业用加速器将在全球更多领域释放其巨大潜力和价值。

未来，全球各国将加强合作，共同研究和推进粒子加速器的发展，通过合作创新来解决共同面临的挑战。同时，各国还将重视培养和吸引年轻科学家和工程师，为粒子加速器的未来发展注入新的动力。

（中国原子能科学研究院
王国宝、朱志斌、张立锋、秦　成）